目 录

上篇 自立智慧：
遵循一套自己独有的立世原则

犹太人非凡的成就来自其非凡的智慧，这种智慧是在千百年受挤压、求立足的艰难过程中养成的独到的生存之道。犹太人对于金钱的观念、对于契约的执守、对于知识和实用智慧的追求，都使他们无论在什么时期、什么环境下，始终以这一套独有的立世原则让自己处于不败之地。

第一章　把学习作为终生的使命 ·················· 2
　1. 以求知精神积累起丰富的知识 ················ 2
　2. 学习是一切美德的本源 ······················ 4
　3. 什么时候开始学习都不算晚 ·················· 7
　4. 认准"一定要读书"这个死理 ················ 9

第二章　独特的教育观念孕育出源源不断的杰出人才 ······ 11
　1. 培养孩子爱书的习惯 ······················· 11

2. 教育从来都是犹太人的头等大事 …………………………… 12
3. 什么情况下都不荒废孩子的学业 …………………………… 14
4. 尊敬师长是犹太人亘古不变的传统 ………………………… 15

第三章　独到的时间观念决定独到的行为方式 ………… 18

1. 切实感受到时间的珍贵 ……………………………………… 18
2. 自知"天命"才能抓紧时间 ………………………………… 21
3. 盗窃时间比盗窃金钱更可恶 ………………………………… 23
4. 注重时间价值的商业体现 …………………………………… 25

第四章　决不做影响信用的事情 ………………………………… 27

1. 即使吃大亏也要遵守契约 …………………………………… 27
2. 把契约的形式和订约的目的性有机结合 …………………… 29
3. 口头的允诺也有足够的约束力 ……………………………… 32
4. 履行合同要做到不折不扣 …………………………………… 35

第五章　重智慧胜于重金钱 ……………………………………… 38

1. 与门第、出身相比更看重智慧 ……………………………… 38
2. 智慧的高低决定着赚钱的多少 ……………………………… 40
3. 拥有智慧可以创造利益 ……………………………………… 42
4. 做个堂堂正正的精明人 ……………………………………… 46

第六章　最坚强的人是能够驾驭心灵的人 ……………………… 49

1. 与其指望别人，不如亲自动手 ……………………………… 49
2. 首先要接受自己的优点 ……………………………………… 53
3. 沿着目标走就能驾驭方向 …………………………………… 56

4. 能宽容别人也就拥有了自由的心灵 ·················· 59

中篇　处世智慧：
独到的做事准则决定了不一样的成事途径

犹太人的做事方式给人一种特立独行的感觉，他们做事极富效率。这首先基于犹太人看问题时独到的角度和眼光，千百年来的做事准则规范着他们的处世方式，能让他们看问题直指核心，做事情善走捷径。

第一章　把逆境看做生活中不可缺少的磨炼 ·················· 64
1. 人必须透过黑暗才能看到光明 ·················· 64
2. 不怕失败才能征服失败 ·················· 67
3. 什么情况下都对未来充满希望 ·················· 68
4. 时刻具有危机意识 ·················· 70

第二章　不一样的思路开创不一样的出路 ·················· 73
1. 只做需要自己认真思考的事情 ·················· 73
2. 变薄利多销为厚利适销 ·················· 77
3. 总能找到解决问题的出路 ·················· 80
4. 要想进一步就先退一步 ·················· 83

第三章　与他人的关系决定着人生 ·················· 85
1. 用对方的视角看问题 ·················· 85
2. 不能与他人合作的人难有大作为 ·················· 88

3. 伤害他人的自尊是一种罪过 …………………………… 97
4. 拥有一颗感恩的心就拥有一片晴朗的天空 …………… 100

第四章　靠做人准则维护做人的尊严 …………………………… 104

1. 从不逃避自己该负的责任 …………………………… 104
2. 自大的人是最丑陋的人 ……………………………… 105
3. 不能用任何方式侮辱别人 …………………………… 107
4. 有权威也不能随便使用 ……………………………… 108

第五章　在双赢中赢取更大的成功 ……………………………… 112

1. 把双赢作为长富之道 ………………………………… 112
2. 追求权利与义务的统一 ……………………………… 115
3. 信奉"取之于社会，用之于社会"的人生哲学 ……… 118
4. 立足社会要以慈善为本 ……………………………… 120

下篇　经商智慧：
　　　　成为生意场上规则的制定者

做生意有做生意的规则，犹太人以生意场上的卓越表现成为规则的制定者。中国人常说"无商不奸"，如果把这里的"奸"理解为能算计、善于利用和创造一切机会、善于让投入产生尽量大的利润，那么无疑，犹太人是世界上最"奸"的商人。

第一章　善抓机遇是犹太人经商成功的最大驱动力 ………… 124

1. 机遇常在不经意间得到 ……………………………… 124

2. 竭尽全力去追赶机会 ……………………………… 125
3. 既要看眼前又要看长远 …………………………… 127
4. 抓住一次机会就能改变一生 ……………………… 128

第二章　明白细节决定成败的道理 …………………… 131

1. 在细节处分出高低 ………………………………… 131
2. 在细节处节省金钱 ………………………………… 132
3. 把握了细节也就把握住了运气 …………………… 135
4. 盯紧女人觅商机 …………………………………… 138

第三章　先学会理财才有可能发财 …………………… 142

1. 制定全面的理财计划 ……………………………… 142
2. 理财要有目标 ……………………………………… 144
3. 改正错误的消费习惯 ……………………………… 147
4. 不要总犯理财错误 ………………………………… 149

第四章　敢冒大风险才有大回报 ……………………… 152

1. 做别人不愿干的事情 ……………………………… 152
2. 大风险意味着大机遇 ……………………………… 154
3. 拓荒者往往能成为控制者 ………………………… 156
4. "冒险家"决不是个贬义词 ……………………… 161

第五章　借力登梯才能爬得更高 ……………………… 167

1. 只有傻瓜才拿自己的钱去发财 …………………… 167
2. 借来东风好赚钱 …………………………………… 175
3. 成功者都有一套借力的本领 ……………………… 179

  4. 创业阶段更要善于借力 ······ 181

第六章　从最擅长的行业中谋利 ······ 183

  1. 打着犹太人印记的珠宝业 ······ 183
  2. 在保险和风险中豪赌 ······ 185
  3. 投机与放债：犹太商人的拿手好戏 ······ 188
  4. 在银行业中如鱼得水 ······ 193

附录：影响世界的 10 位犹太巨人 ······ 196

  1. 科学社会主义的奠基人：卡尔·马克思 ······ 196
  2. 通讯事业的开创者：路透 ······ 199
  3. 世界上第一个 10 亿富翁：洛克菲勒 ······ 203
  4. 世界公认的报业巨子：普利策 ······ 206
  5. 精神分析学派的创始人：弗洛伊德 ······ 209
  6. 20 世纪最伟大的科学家：爱因斯坦 ······ 213
  7. 20 世纪最伟大的艺术家之一：毕加索 ······ 217
  8. 以色列的第一位总理：本—古里安 ······ 221
  9. 被载入史册的原子弹之父：奥本海默 ······ 225

上篇　自立智慧：
遵循一套自己独有的立世原则

犹太人非凡的成就来自其非凡的智慧，这种智慧是在千百年受挤压、求立足的艰难过程中养成的独到的生存之道。犹太人对于金钱的观念、对于契约的执守、对于知识和实用智慧的追求，都使他们无论在什么时期、什么环境下，始终以这一套独有的立世原则让自己处于不败之地。

第一章 把学习作为终生的使命

犹太人把学习作为民族立身的根本，同样，每一个犹太人也把学习作为个人生存的有力武器。犹太人追求知识、勤于学习和善于学习的精神令人震撼，由此，犹太人也为自己打开了一条通往财富与成功的高速通道。

1. 以求知精神积累起丰富的知识

不管在世界的哪个角落，犹太人每天都在做的一件事就是不断地以知识充实大脑；不管身处社会的哪一个阶层，犹太人总是把学习作为第一要务。他们可能有的暂时缺少财富，但从来不缺的就是孜孜以求的好学精神。所以，在世界范围内的各个领域，独领风骚的犹太人比比皆是。

先看看这几位思想界的大师级人物：科学社会主义理论的创造者马克思，精神分析学的开创者弗洛伊德，泛神论大师斯宾诺莎，现象学大师胡塞尔，社会学和政治学魔法大师马克思·韦伯，符号学大师卡西尔，哲学大师维特根斯坦、马尔库塞、弗洛姆、卢卡契、波普尔都是犹太人。在文学和艺术领域，西方现代派文学的奠基人卡夫卡、诗人海涅、诺贝尔文学奖得主贝娄、音乐家门德尔松、作曲家马勒、世界超现实主义画家毕加索等都是犹太人。另外，在电影界，好莱坞的大导演斯皮尔伯格、奥斯卡金像奖获得者达斯汀·霍夫曼、保罗·纽曼等都是犹太人。在政界，亨利·基辛格、第一夫人贝隆、和平使者拉宾、以色列之父本·古里安也都是犹太人。而在自然科学界，犹太科学家更是不计其数，其中爱因斯坦可谓让所有的科学家黯然失色。

在世界经济舞台上，随处可见犹太人卓越不凡的身影。在经济理论研究方面，有大卫·李嘉图、诺贝尔经济学奖得主 K. J. 阿罗、P. A. 萨缪尔森、西蒙等这样世界级的经济学大师；在经济管理方面，有美联储主席格林斯潘这样的杰出代表；在金融领域，华尔街的金融家近一半是犹太人，J. P. 摩根、莱曼、所罗门兄弟、乔治·索罗斯都是顶尖级的人物；在实业界，亨利·福特、洛克菲勒、缪塞尔、哈默的威名至今让人震聋发聩；在传媒业中，除路透、普利策等，还有 CBS 的威廉·佩利，NBC 的萨尔诺夫，《纽约时报》的奥克斯等都是犹太人；在影视娱乐界，好莱坞简直就是犹太人的天下，最早的好莱坞开拓者，米高梅公司的创始人高德温、华纳四兄弟、派拉蒙、福克斯公司的创始人均是犹太人……

犹太人在世界民族中的非凡成就，是与他们孜孜不倦、不断探索的求知精神分不开的。

犹太民族何以让知识保持长久的魅力，并能存故纳新，不断繁荣呢？答案就是，求知精神！

犹太人固有的学习传统，作为一种卓有成效的培养、激发人们学习积极性的价值观念，深深浸透着犹太人的独特智慧，也促使犹太智慧发扬光大。学习的过程就是学习的目的之一，知识的获得就是目的的实现，有了这样的观念和心态，才可能孜孜不倦、无悔无怨地勤学不辍。

"取法乎上，得其中；取法乎中，得其下。"以学习为职责的犹太人，在履行职责的同时，实现的是其他许多民族梦寐以求的兴旺发达的目标。

2. 学习是一切美德的本源

联合国教科文组织的一项调查表明，在人均拥有图书和出版社的比例中，以色列超过了世界上任何一个国家，为世界之最。

除教科书和再版书外，以色列年出版图书达2000种以上。14岁以上的以色列人平均每月读一本书。

以色列全国共有公共图书馆和大学图书馆1000多所，平均不到4000人就有一所公共图书馆。

以色列办出的借书证有100余万个，相当于以色列全国500多万人的1/5。

犹太人真是一个"书的民族"。在耶路撒冷、特拉维夫或其他以色列的城市中，最多的公共建筑是咖啡馆和大大小小的书店。以色列人的一天往往从一张报纸、一杯咖啡开始。而年轻的大学生则常常愿意在幽静的书店待上整整一天。

以色列每年都要在耶路撒冷举办国际图书博览会。博览会期间，成千上万的世界各地客人前来洽谈、采购，国内的参观、选购者也是人山人海，数不胜数。而每年春季举办的"希伯来图书周"则是以色列人自己的图书节。不少犹太人早早备好钱，像盼望一次盛会一样等待图书节的到来。

在"图书周"期间，以色列许多乡镇的街头、公园都变成了书的市场，人们也可以到大大小小的书店去购买各种廉价书籍。

犹太人可以随时在街头报刊亭里买到当天的《纽约时报》、《世界报》和《泰晤士报》等，也可以在同一个书摊同时买到严肃的政治刊物和适应不同层次人对各种书刊的需求。

不少犹太人是典型的"书虫"和"书痴"，马路边、公园里、候车室中、汽车上，只要是有人群的地方，总能看见专心致志的阅读者。

犹太民族是个嗜书如命的民族，以色列是个书的国家，小小的以色列能在几十年中传奇般地崛起，这不能不说与他们爱读书学习、重视知识有关。

在犹太教中，勤奋好学不只是仅次于敬神的一种美德，而且也是敬神本身的一个组成部分。在世界上所有的宗教中，对神的虔信可以有程度的差异，但把学习和研究提到这样高度的，除了犹太教，几乎绝无仅有。

《塔木德》中写道："无论谁为钻研《托拉》而钻研《托拉》，均值得受到种种褒奖；不仅如此，而且整个世界都受惠于他；他被称为一个朋友、一个可爱的人、一个爱神的人；他将变得温顺谦恭，他将变得公正、虔诚正直、富有信仰；他将能远离罪恶、接近美德；通过他，世界享有了聪慧、忠告、智性和力量。"

学习之为善，在于其本身，它是一切美德的本源。

12世纪的犹太哲学家、犹太人的"亚里士多德"，精通医学、数学的迈蒙尼德则明确把学习规定为一种义务：

"每个以色列人，不管年轻年迈，强健羸弱，都必须钻研《托拉》，甚至一个靠施舍度日和不得不沿街乞讨的乞丐，一个要养家糊口的人，也必须挤出一段时间日夜钻研。"

由这一原则所带来的结果是形成了一种几乎全民学习、全民都有文化的传统。尽管并非人人都有"研习"的能力，但确实人人都把不同程度的"研习"视做分内之事。

不过，犹太人早期的学习主要以神学研究为取向，涉及面十分狭窄，像迈蒙尼德这样的博学家，可说是一个例外。因为拉比们唯恐犹太神学之外的知识，会使犹太青年迷失方向。因此，在现代以前相当长的一段时期内，在随着犹太移民的足迹先后建立的学术中心里，除了犹太教经典，尤其是《塔木德》之外，对世界上的其他知识是关注不够的。

到18世纪末，犹太教中还出现过一个反对经院哲学和学者主宰犹太事务的哈西德运动。其倡导者一度主张，一个人只要依靠虔诚和祈祷，也能升入天国，善的功业比伟大的知识更为重要。

可喜的是，为学习而学习的传统并未中断，哈西德派的大师们自己也很快"迷途知返"了。他们不再坚持虔诚比钻研更能达到较高境界，而是传布一种虔信与知识互为依赖的信仰。这意味着，即使本性并不虔诚，学者也能依靠自己的知识而变得虔诚；而本来虔诚的人则会更为其虔诚所驱使而致力于学术研究。

这样一种为学习而学习的传统，对长期流散的犹太人，尤其是其中的青年人来说，即使暂且不提在调节其心理、保持其民族认同方面所起的巨大作用，而从现代的立场上看，作为一种卓有成效的培养、激发人们学习积极性的价值观念来说，也深深浸透着犹太人的独特智慧。

犹太人在世界总人口中仅占0.3%，但在诺贝尔奖获得者中却占了15%，这一不成比例的比例，正是对这种价值、这种精神的证明。

当然，这样一种以自身为目的的活动，倘若是一项总体上无助于人类发展、纯粹虚耗生命的活动的话（这种现象在其他民族中不是没有），那么，显而易见，其目的价值越多，一个民族的实际生存能力就会越弱。如此一味追求奢侈而不讲究实效的民族很快便会被历史所淘汰。

不过，这不是犹太人的命运。在学习的效果方面，犹太民族同样显示出了自己的聪明与智慧。

犹太教素以"伦理——神教"著称，《塔木德》学者在研习《托拉》的过程中，不断地将协调人际关系的规范加以合理化、精细化、操作化，在扎紧民族樊篱的同时，为人类与人类社会的自我完善留下了影响深远的丰富内容。

令人惊奇的是，使得《塔木德》学者视野狭窄的那种宗教定向，却以"为学习而学习"的传统，在科学文化蓬勃兴起、世俗教育迅速普及的当代，为犹太人提供了一种现成的价值取向和心理基础。神圣的宗教职责极为快捷地具有了世俗的形式，犹太人大批走进了世俗学校：医学院、法学院、商学院、理工学院。犹太民族在为人类奉献出比其他民族众多的一流思想家、理论家、科学家、艺术家的同时，也为自己的繁荣昌盛而培育出同其他民族相比更大比例的教授、医生、律师、经理和其他专业人员。

3. 什么时候开始学习都不算晚

犹太人鄙视不愿学习的人，他们认为只要想学、愿学，什么时候开始都不算晚。

拉比阿基瓦是一个贫苦的牧羊人，直到40岁才开始学习，后来却成为了最伟大的犹太学者之一。

传说拉比阿基瓦在40岁之前什么都没有学过。在他与富有的卡尔巴·撒弗阿的女儿结婚之后，新婚妻子催他到耶路撒冷学习《律法书》。

"我都40了，"他对妻子说，"我还能有什么成就？他们都会嘲笑我的，因为我一无所知。"

"我来让你看点东西。"妻子说，"给我牵来一头背部受伤的驴子。"

阿基瓦把驴子牵来后，妻子用灰土和草药敷在驴子的伤背上，于是，驴子看起来非常滑稽。

他们把驴子牵到市场上的第一天，人们都指着驴子大笑。第二天又是如此。但到了第三天就没有人再指着驴子笑了。

"去学习《律法书》吧。"阿基瓦的妻子说，"今天人们会笑话你，明天他们就不会再笑话你了，而后天他们就会说：'他就是那样。'"

在故事中，阿基瓦妻子的意思就是他40岁去学习，即使开始时别人会嘲笑他，但是第三天就不会有人再嘲笑他了，因为什么时候学习都不迟。

因此，犹太人常把西勒尔说过的一句名言挂在嘴边："此时不学，更待何时？"以此激励自己或鼓励别人去学习知识。

犹太人如此重视学习，是因为他们认为学习可以使人不断地接近完美。

天使和人有着巨大的区别，一方的优点是另一方的缺点，一方的缺点又成为另一方的优点。互相对应，对立统一。

天使的优点是清洁无垢，决不腐败，缺点是永不进步，永不向上。因为他们已经完美无缺了；人的缺点是容易腐败，但人的优点是可以不断向上，不断进步。

完人，即做和天使一样完美无缺的人，只能是一种理想。因为人不可能完美无缺，一旦完美无缺就变成了天使。但是，理想的力量是无与伦比的。它如万顷波涛的海洋上的星标，指引人生的航船不断前进，沿着星标肯定能到达目的地，但无论如何也不能到达星标。

人的理想也是一样，虽然人是不完美的，但却热切地希望接近完美，这是人类的正道。人走上正道是需要足够多的勇气的，否则就会半途而废。我们只能依靠自己的力量走上正道，我们无法强迫别人，更不可依靠别人。

完美是无法辨别的，要求别人完美的人是傲慢的。而明知无法达到完美，却设法逐步接近它的人是谦虚的。谦虚的人不会用尽自己的力量，总是留有余力，而自大的人却常常去做超越自己能力范围之外的事，所以谦虚的人具有较强韧的生命力。这也是自信和自大之间的差别。有信心的人都明白自己能力的界限，但自大的人却不知道。

在犹太人眼中，学问不只是学习，而是以本身所学为基础，再创造出新东西的一种过程；学习的目的，不在于培养另一种教育，也不是人的拷贝，而是在于创造一个新的人，世界之所以进步即在于此。

在犹太人看来，学生有四种：海绵、漏斗、过滤器、筛子。

海绵把一切都吸收了；漏斗是这边耳朵进，那边耳朵出；过滤器把美酒滤过，而留下渣滓；筛子把糠秕留在外面，而留下优质的面粉。

因此，犹太人倡导，学习知识应该去做筛子一样的人，只有学习才能使人更接近完美。

4. 认准"一定要读书"这个死理

有一本名叫《虔诚者的书》上记载着古时候犹太人的墓园里常常都放有书本。因为他们认为当夜深人静的时候，死者就会从墓穴中爬起来看书。

虽然这种事情是不会发生的，但是表明了犹太人对求知的态度是：生命是有终结的，但学习却不会终止。

犹太民族的好学作风成了他们历史和民族的一个显著标志。

在公元前5世纪时，波斯王国驻犹太地区的总督聂赫米瓦曾说过："这个地方不仅有很多图书馆，在图书馆中更是经常挤满了看书的人。"他的话印证了犹太民族的好学传统。

犹太人把书本当做宝贝。在古代，书往往被犹太人翻看得破破烂烂，但是他们仍然舍不得扔掉，一直要等到整本书都七零八散，字迹模糊不清，再也不能翻阅的时候，四邻才会聚到一块，像埋葬一位圣人一样，恭恭敬敬地挖一个坑，把书埋掉。

生命可以终结，学习不能终止，犹太人认为学习可以让人获得生命和更多的奖赏。

有一则这样的故事。

在以色列，有一个人的儿子对学习毫无兴趣，他的父亲最后不得不放弃努力，而只是教他读《创世纪》一书。后来，敌军攻打他们居住的城市，俘虏了这个男孩，把他囚禁在一个遥远的城市。

恺撒来到了这个城市，视察男孩被囚的监狱。在视察时，恺撒要求看一看监狱中的藏书。结果，他发现了一本他不知道怎么读的书。

"这可能是一本犹太人的书。"他说，"这里有人会读这本书吗？"

"有。"监狱官答道，"我这就带他来见您。"

监狱官把男孩找来，说："如果你不能读这本书，国王就会要你的脑袋。"

"父亲只教过我读一本书。"男孩答道。

监狱官把男孩从监狱里提出来，把他打扮得光鲜可爱，将其带到恺撒面前。恺撒把书摆到男孩面前，男孩就开始读，从"起初，上帝创造天地"一直读到"这就是天国的历史"。

这是《创世纪》第一章和第二章的一部分。

恺撒听着男孩读书，说道："这显然是上帝，赐福的上帝向我打开他的世界，要我把这孩子送回到他父亲身边。"

于是，恺撒送给男孩金银财宝，并派两名士兵把男孩护送回到他父亲身边。

拉比们又用这个故事教育人们说："尽管这孩子的父亲只教他读了唯一一本书，赐福的上帝就奖赏他了。那么，想一想，如果一个人不辞辛苦地教他的孩子读《圣经》、《密西拿》和《圣徒传记》，那他得到的奖赏该有多大呀！"

去获得上帝的奖赏，这就是犹太人死后也要读书的动力。

第二章　独特的教育观念孕育出源源不断的杰出人才

犹太民族是一个灾难深重的民族，但犹太人民却凭着自己的聪明智慧，成为世界上赚钱最多的民族。无论在全球金融界、商界还是科学界，他们拥有的财富比重始终独占鳌头，这与犹太人独特的教子方式密切相关。

1. 培养孩子爱书的习惯

在每一个犹太人家里，当小孩稍微懂事时，母亲就会翻开《圣经》，滴一点蜂蜜在上面，然后叫小孩去舔书上的蜂蜜。这种仪式的用意不言而喻：书本是甜的。

犹太人从不焚烧书籍，即使是攻击犹太人的书。在人均拥有图书馆、出版社及每年人均读书的比例上，犹太人（以色列人）超过了世界上任何一个国家，堪称世界之最。犹太家庭还有一个世代相传的说法，那就是书柜要放在床头，要是放在床尾，会被认为是对书的不敬，进而遭到大众的唾弃。

每一个犹太家庭的孩子，几乎都要回答一个问题："假如有一天，你的房子被烧毁，你的财产被抢光，你将带着什么东西逃命呢？"如果孩子回答说是钱或者钻石，母亲将进一步问："一种没有形状、没有颜色、没有气味的宝贝，你知道是什么吗？"当孩子无法回答时，母亲就会说："孩子，你要带走的不是钱，也不是钻石，而是能给你智慧的书。因为智慧是任何人都抢不走的，你只要活着，智慧就会伴随你的一生。"

犹太父母的感悟是：人不能像走兽那样活着，应该追求知识和美德（但丁语）。犹太人教育孩子重视对知识的追求，实际上是教导孩子如何做一个真正的人。

身为父母应向犹太人学习，懂得用书本来武装自己孩子的头脑，给他们以丰富的智慧。通过人性与科学的结合，使孩子更能体会到智慧所体现的魅力所在，像犹太人那样，以独特的教育方式结合教育理念，使孩子们透过现象更深一层地认识教育的本质及其作用。

知识源于书本，知识活用于书本，教育子女更要把知识演变成智慧，体现出智慧本身的重要性。

因此，家长们要从小培养孩子们读好书的习惯，使他们知道书中赋予他们智慧的力量是无穷的。

2．教育从来都是犹太人的头等大事

犹太民族的智慧与丰富的知识，除了具有学习和求知的传统这样的"软"的东西外，在"硬件"上，则表现为他们遵奉着一套完善的教育制度。犹太人四处流浪，他们的"学校"也随着他们迁移，在居无定所的恶劣环境下，犹太人从来没有忽视过教育，而是将其列为第一位的事情。

从历史上看，犹太人很早就实行了义务教育，称得上源远流长。

从犹太人对教育的重视和对教师的敬重程度上，任何人都不难想象出教育的场所——学校，会在犹太人生活中具有何等的地位。

1919年，犹太人同阿拉伯人正处于日趋激烈的冲突之中，耶路撒冷的希伯来大学便在前线隆隆的炮火声中奠基开工。此后连绵不绝、愈演愈烈的冲突，也未能阻止这所大学在1925年建成并投入使用。

今天，人口仅400多万的以色列却拥有6所跻身世界一流的名牌大学：希伯来大学、特拉维夫大学、以色列理工学院、海法大学、内格夫一本古里安大学和巴尔伊兰大学。

犹太人之所以特别重视学校的建设，除了他们具有那种"以知识为财富"的价值取向之外，更高层次上，还因为在他们看来，学校无异于一口保持犹太民族生命之水的活井。《塔木德》中记载的3位伟大拉比之一，约哈南·本·扎凯拉比就认为：学校在，犹太民族就在。

公元70年前后，占领犹太国的罗马人肆意破坏犹太会堂，图谋灭绝犹太人。面对犹太民族遭受的空前浩劫，约哈南殚智竭神想出一个方案，但必须亲自去见包围耶路撒冷的罗马军队的统帅韦斯巴芗。

约哈南拉比假装生病要死，才得以出城见到罗马的司令官。他看着韦斯巴芗，沉着地说道："我对阁下和皇帝怀有同样的敬意。"

韦斯巴芗一听此话，认为侮辱了皇帝，作出要惩罚拉比的样子。

约哈南拉比却以肯定的语气说："阁下必定会成为下一位罗马皇帝。"

韦斯巴芗终于明白了拉比的话，很高兴地问拉比此来有何请求。

拉比回答道："我只有一个愿望，给我一个能容纳大约10个拉比的学校，永远不要破坏它。"

韦斯巴芗说："好吧，我考虑考虑。"

不久以后，罗马的皇帝死了，韦斯巴芗当上了罗马皇帝。耶路撒冷城破之日，他果然向士兵发布了一条命令："给犹太人留下一所学校。"

学校留下了，留下了学校里的几十个年老智者，维护了犹太人的知识、犹太人的传统。战争结束后，犹太人的生活模式，也由于这所学校而得以继续保存下来。

约哈南拉比以保留学校这个犹太民族成员的塑造机构和犹太文化的复制机制为根本着眼点，无疑是一项极富历史感的远见卓识。

一方面，犹太民族在异族统治者眼里，大多不是作为地理政治上的因素考虑，而是文化上的吞并对象。小小的犹太民族之所以为反抗世帝国罗马而起义,其直接起因首先不是民族的政治统治,而是异族的文化统治,亦即异族的文化支配和主宰:罗马人亵渎圣殿的残暴之举。

另一方面,犹太人区别于其他民族,首先不是在先天的种族特征上,而是在后天的文化基因上。在犹太人的名称下,有白人、黑人和黄种人。至今作为犹太教大国的以色列向一切皈依犹太教的人敞开大门,因为接受犹太教就是一个正统的犹太人。

我们完全可以说,为了达到这一文化目的,犹太人长期追求的不仅仅是保留一所学校,而是力图把整个犹太人生活的传统和犹太文化的精髓保留下来。从犹太民族2000多年来持之以恒、极少变易的民族节日,到甘愿被幽闭于"隔都"之内以保持最大的文化自由度,到复活希伯来语,再到基布茨运动,所有这一切都典型地反映出了犹太民族的独特追求和这种独特追求中生成的独特智慧。

这种智慧就是对民族文化的高度自信、执著和维护!

也正基于此,犹太人才会认为没有知识的人不算是真正有用的人。绝大部分犹太人学识渊博、头脑灵敏。在他们眼里,知识和金钱是成正比的,只有丰富的阅历和广博的知识,才能在世界各行各业中生存。

3. 什么情况下都不荒废孩子的学业

在长期的流散生活中,犹太人为了信仰,为了生存,非常注重学习,始终把对子女的教育视做一种至高无上的神圣事业。他们明白,在异国他乡没有文化知识是很难站得住脚的。资料显示,世界上任何角落,只要有犹太人的地方,他们的受教育程度总是最高的。

在犹太教中,勤奋好学是敬神的一个组成部分,没有一种宗教像犹太教那样对学习和研究如此重视。因此,犹太人家庭对子女教育的重视程度,远远胜于非犹太人的家庭。这也是犹太人为什么那么优秀的一个主要原因。

爱因斯坦的成就与他在童年时代受到良好的教育有很大的关系。他得益于母亲的音乐熏陶，得益于叔父的数学启蒙，得益于父亲在他做出了蹩脚的小板凳后仍加以鼓励的情感教育。

犹太人中有个说法，犹太人一生有三大义务，第一义务是教育子女。20世纪初，移民美国的犹太女性就业率大大低于其他民族，因为她们要留在家里照看孩子，确保孩子上大学。

每个犹太人的家庭，为了子女的求学，往往不惜倾家荡产。国家对教育也有严格的规定和优惠政策。以色列的《义务教育法》规定：5～16岁的少年儿童必须接受义务教育，如本人愿意，到18岁仍可享受免费教育。重视教育，成了犹太人一个非常显著的特点。

以色列历届领导人一直把"教育立国、科技立国"作为追求的目标。梅厄夫人说："对教育的投资是有远见的投资。"夏扎尔说："教育是创造以色列新民族的希望所在。"伊扎克更直截了当地说："教育上的投资就是经济上的投资。"

以色列始终把教育放在优先地位，对其投放了较高的经费，始终高于全国国民生产总值的8%。在一个四面战火、困难重重且军费开支相当高昂的国家，教育投资能达到这一水平，的确难能可贵。

以色列的大学是公认的世界一流大学，凡是参观过的人无不为其优美的校园、宏伟的建筑、先进的设备和丰富的藏书而赞叹不已。

4. 尊敬师长是犹太人亘古不变的传统

犹太民族非常尊敬师长，这也是他们注重知识的一个表现。在希伯来语中，山被称做"哈里姆"，双亲为"赫里姆"，教师为"奥里姆"，同山的发音非常相似。犹太人一向都认为双亲和教师都像是巍峨的高山，比普通人高出许多。

拉夫曾到过一个城镇，命令那里的人斋戒、祈祷来求雨，但雨却没有下。

于是，集会的诵经师便走到藏经龛前大声念诵祈祷书上的话："上帝让风吹。"话音未落，风立即吹了起来。

诵经师接着念道："上帝让雨降下来。"顷刻间，雨便下了起来。

拉夫问诵经师："你做了什么特殊的事而得到如此丰厚的奖励？"

诵经师答道："我教育孩子们，对穷人的孩子和富人的孩子一视同仁。对于交不起学费的人，我从不收费。而且，我有10个鱼塘，如果有孩子不想学习了，我就给他几条鱼，然后再把鱼从他那里赢过来。这样，他不久就变得好学了。"

因为师德崇高，垂范后世，也因为上帝奖赏有知识的人，所以犹太民族无比崇敬师长。

犹太民族热心教育，犹太儿童从很小的时候开始，就要接受正规教育：3岁上学，每周上课6天，平均每天6小时至10小时，他们必须全心全意地在学校或老师家中，接受《犹太法典》和《犹太教则》的灌输，直到长大成人。但是，成人之后继续提高自己的修养是终生的事情，生命没有结束，充实自身的过程就没有结束。

犹太人有许多勉励个人提高修养的方法。其中之一，就是让成人在晚辈面前保持自己的尊严。犹太人认为，山峰伸出于云中，像是希望长得比天更高。同样，父母和师长也都应爬上最高的地方，以作为孩子们的模范。

同时，犹太父母还十分注意明智地处理长幼之间的关系。《犹太法典》上就有这样的话："5岁的孩子是你的主人；10岁的孩子是你的奴隶；到了15岁时，父子平等；以后就要看你如何栽培他——他可以成为你的朋友，也可以成为你的敌人。"

在孩子的成长中，犹太民族更注重精神上的延续。"我希望将父亲以前所遗留给我的东西，同样留给我的孩子。"这些东西是什么呢？它们是爱情、勤勉、谦虚以及节约的精神。在犹太人心目中，这些是比金钱宝贵得多的财富，是应该一代一代一直传递下去的。

在犹太人眼中，最好的父母不见得是花钱最多、肯花钱的父母，而应是那些懂得做人的道理、具有人的尊严的父母。因此，犹太父母在教育子女的时候，同时也是教育自己。

第三章　独到的时间观念决定独到的行为方式

时间对一个人意味着什么？在犹太人看来，不仅意味着金钱，更意味着生命，恐怕世界上没有哪个民族像犹太人这样珍视时间。犹太人会尽力压缩做事情时时间中的"水分"，所以，他们利用时间的效率奇高，而且会以时间衡量事情是不是该做和怎样去做。

1. 切实感受到时间的珍贵

几乎所有的犹太人都以"时间就是金钱"作为自己的座右铭，他们为了赚取更多的财富，不得不适应都市快节奏、高效率的生活方式，尤其是大都市的繁忙生活，久而久之就形成了犹太人对待事情的作风：雷厉风行。

既然时间如此宝贵，那么怎样才能充分利用有限的时间，创造出最大的价值呢？对于不同思维和作风的人，相同时间内的产出价值是不一样的。一个喜欢读书的人，花在读书上的时间永远要比别的时间长，而作为一个以赚钱为天职的商人则会花更多的时间多赚些钱。总之，面临着一个如何合理分配时间的问题。能不能合理分配时间也就成了成功人士和失败人士的最大区别。对犹太人来说，浪费了时间，就等于浪费了金钱，他们对自己的时间可谓精打细算，不管什么事情都会做到将时间具体化，他们决不允许也不能容忍迟到或拖延时间的情况发生在自己身上或自己的员工身上。当他们在处理重要事情时一律谢绝会客。当别的老年人还在盘算着怎么安排自己的晚年时，犹太人往往会细细估算自己还能活多久，他们不是在给自己安排一个详细的旅游计划，而是以此告诫自己还能赚多长时间的钱，还有多长的时间能够享受生活。

犹太人总是觉得自己的时间太少、不够用，因此他们才会将时间安排得紧紧当当。他们比谁都清楚时间对人是平等的，他们甚至在很年轻的时候就懂得：要想赚更多的钱并不困难，关键就看你如何去把握时间、利用时间。人们每天都面临着许多琐碎的事情，这些事情或多或少都要占用一些时间。但总的来说，人们的时间可分为可支配时间和不可支配时间。对于前者，我们可以根据具体情况来安排和调整，但对于后者，我们却无能为力，比如一些你不得不应付的事情，由不得你来决定和安排，这种时间是不可管理的，你能做的只能是应付。对于可支配时间，就可以根据情况来调整分配、充分利用，对于商人或管理者而言，善于识别和安排可支配时间是非常重要的。明白了这一点你才能真正懂得如何根据情况来调整分配时间，充分利用可贵的时间。对于商人或企业管理者而言，善于识别和安排可支配时间显得更为重要。善于识别和安排可支配时间也是为什么会有决策策划管理层和执行决策的基层员工的主要原因。毕竟基层员工很难认识到时间对于一个企业的重要性。

犹太商人总是能打破思维定势，做出些与众不同的事情。他们用金钱买时间，用智慧换效率。因而他们成了真正懂得时间价值的人，"时间也是商品"、"不要浪费时间"也就顺理成章地成为犹太人做生意的格言。

现代人把"时间就是金钱"这一格言演绎得淋漓尽致。这些人每天工作 8 小时，他们从不以一天几小时来计时，往往以秒来计算。

一个犹太富商曾经做过这样的统计：他每天的工资为 10000 美元，那么每分钟约合 20.8 美元，如果他每天因被别人打扰而浪费 10 分钟，他每天就会损失 208 美元。在别人看来，对于像他这样的富翁来说，208 美元根本不值得一提。可是，他自己并不这么认为。他算了一笔账：一天浪费 208 美元，一年下来就达到了 76000 美元。这可是一笔可观的收入了。所以他决不允许自己每天有浪费时间的情况出现，哪怕是一分钟。

　　在一切可生和不可再生资源中，唯有时间是最少、最易消失、最不好捉摸的。不少现代人有充裕的时间却没有钱；而生意很多、赚钱很多的人，时间却有限。犹太人总是告诫自己如果没有时间，计划哪怕做得再好，目标定得再高，个人能力再强也只是空谈。

　　但是，犹太商人对时间的认识，并没有停留在商品和金钱的角度。他们更为透彻地认识到时间是生活、是生命。所以，犹太商人很乐意把钱花在能提高效率的任何事情上，只要买到了效率，就等于买到了时间，效率提高了，节约下来的时间能赚比原来更多的钱。再说钱可以再赚，商品可以再造，可是时间是一去不复返的。因此，时间远比商品和金钱宝贵。

　　有一位拉比教师戴了一块手表，背面刻着"爱惜光阴"4 个字。另一位教师把手表拿给学生们看，学生们不以为然，说是俗套子而已，根本没有什么新奇的。

　　拉比见学生们无动于衷，就戴好手表说：

　　"有一句俗话，叫'时间就是金钱'。我认为这种说法是不对的。因为这句话很容易使人误会。假如说时间就是金钱，那我们就只能想到两种情况：一种是不知如何运用时间的人，另一种则是不知如何运用金钱的人。其实，就价值而言，时间远比金钱贵重。金钱可以储蓄并生息，而时间却丝毫不停脚步，而且一去不复返。"

　　"'时间就是金钱'这句话，应该改为'时间就是生命'，或者'时间就是人生'。"

拉比这么一解释，学生们都觉得有道理。

犹太人为什么把时间看得那么重？时间是任何一宗交易必不可少的条件，是达到经营目的的前提。他们在与对方签订商业合同时，都已充分估计过自己的交货能力，考虑过是否能按客户要求的质量、数量和交货日期去履行合约。如果他们觉得自己可以办到，就与其签约，如果办不到，他们不会轻易签约。

时间的价值还体现在竞争激烈的市场中。在市场经济机制下，哪家企业能在市场上一马当先，把质优新异、符合市场需求的产品率先推出，这家企业就一定能够获得较好的经济效益。

2. 自知"天命"才能抓紧时间

既然时间如此宝贵，而且也是一笔赚钱的资源，那么如何来配置这份资源而使其效用最大化呢？对于不同的人，时间的效用是不一样的，一个喜欢读书的人，当然希望把时间花在读书上，而一个商人更多地是想如何利用好时间多赚些钱。但无论如何，时间就像一块蛋糕，总要被分成好几块，一块用来工作，一块用来休息，一块用来学习等等。总之，我们面临着一个如何分配时间的问题。中国有句俗话叫"好钢要用在刀刃上"，而对犹太人而言，浪费了时间，就等于浪费了金钱，他们对自己的时间，可谓精打细算！晤谈要预约日期和具体时间，甚至从某时某刻到某时某刻都规定得清清楚楚，晤谈时从不允许迟到或超延时间；处理函件时一律谢绝会客；甚至到了年老时，他们都会细细估算还能活多久，以便知道自己还能赚多长时间的钱，还可享受多久的生活。

对时间的极端重视，令犹太人在处理时间问题时非常较真，号称"东京银座犹太人"的藤田先生就讲过这样一个故事：

日本的藤田被称为汉堡包大王，他的第一家店一开张就生意兴隆，藤田接连开了4个分店，紧接着筹备第五个分店。

一天，有个犹太人来拜访他。

"藤田先生，眼下你有空吧？"犹太人满不在乎地问。

"开什么玩笑，我正忙得要死！"藤田先生生气地回答。

"不，藤田先生，我看你的的确确有空。"

"没有，根本没有！"

"怎么没有空，没有空能开4家分店？而且还准备开第五家？这就说明你有空。"

这句话说得藤田先生哑口无言。犹太人的话的确很有道理，在犹太人看来，没有空闲、不会合理安排时间的人，是不会赚钱的人。要赚钱，首先得有赚钱的时间，而且在赚钱中要合理使用时间，否则就等于白白浪费时间。人的一生是短暂而又漫长的，许多人成天忙忙碌碌却无所作为；许多人整日沉湎于酒桌牌桌之间，日子被无端地浪费，这些人都不会合理安排时间，注定成不了大器。

一个会赚钱的商人，既是"大忙人"又是"大闲人"。之所以是"大忙人"，是因为他一直在辛苦地工作，为赚钱而忙碌。"忙"与"闲"是相对的，按照犹太生意经，我们该忙的时候就要忙，工作时懒散成性、没有效率，是最大的"蠢人"，而且我们要学会"忙里偷闲"，生活是丰富多彩的，会生活的人才是真正的人。

也正是因为犹太人视时间如金钱，所以他们在做生意时会客观而若无其事地谈论自己和别人的寿命。

"先生今年70岁了吧，大概还可能再活5年到10年左右！"

在中国，若初次见面就谈这种"不吉利"的话，一定会遭到对方的白眼。而犹太人却很坦然，他们认为人生下来以后注定要死，不必对死畏之如虎。知道自己还能活多久，就意味着知道自己还能赚多少钱。中国人活到老学到老，犹太人活到老赚到老。中国人认为，人是赤条条地来，赤条条地去，金钱生不带来，死不带去，因而在垂暮之年往往希望清闲安静，享受天伦之乐。犹太人知道钱生不带来，但他要死时带走，他们对死的态度是客观和冷静的，一旦知道还能活几年，就会抓紧这几年享受和赚钱。

正是因为犹太人自知天命，他们便拼命抓紧时间赚钱。由于犹太小孩子从小就接受"自主"教育，所以犹太老人也不可能依靠子女赡养，只有自己赚到了钱，安逸生活才会有保障。

3. 盗窃时间比盗窃金钱更可恶

在犹太人看来，时间和商品一样，是赚钱的资本，可以产生利润，因此浪费时间就等于盗窃商品，也就是盗窃了金钱。

在犹太人看来，没有空闲不会合理安排时间的人，是不会赚钱的人。要赚钱，首先得有赚钱的时间，而且在赚钱中要合理使用时间，否则就等于白白浪费时间。

犹太商人巴纳特最初到南非的时候，只带着40箱雪茄烟，而最后却成为南非首富。原因就是他善于合理运用时间，准确地说，是合理运用资金的时间。

原来，巴纳特的生意呈周期性变化，每周六是他获利最多的日子，因为这天银行停业很早，他可以尽自己的能力用支票购买钻石，然后在下周一银行营业前售出钻石，以所得款项支付货款。这种方法说穿了，就是开空头支票。

巴纳特借银行休息的一天多时间，"暂缓付款"且又不会让自己的空头支票被打回来，只要他能在下周一早上，给自己的账号上存入足够兑付他周六所开出的支票的钱，那他就永远不是开"空头支票"。

巴纳特的这种拖延付款的方式，正是利用市场运行的时间表，在没有侵犯任何人合法权利的前提下，调动了远比他实际拥有的资金多得多的资金。巴纳特对时间的精打细算如此别出心裁，甚至让其他犹太人也感到吃惊，并深表佩服。

有一位犹太巨富已经75岁，他仍不愿自己买房，而是租住公寓。有人迷惑不解地问道："像你这么富有的人，什么样的房子买不起，为什么还要租房子住？"老人很坦然地回答："买了房子也没有用，反正再有几年我就死了，何必将房子留给别人呢？"这种理智的做法，更让人佩服。

犹太人习惯于把上班后的一个小时定为"第克泰特时间"，第克泰特（Dictator）的英文大意是"专用时间"。在这段时间里，必须将昨天下班到今天上班之间接到的信函、传真、E-mail等全部回复，用电脑打好并发出，或者用电话回复。在这一个小时内，拒绝任何人的来访，因为犹太商人认为延误前一天的工作是一种耻辱。

现在"第克泰特时间"这句话，对犹太人来说，言外之意就是"谢绝会客"。一位犹太银行家在每天的工作时间内，必须保持90分钟"第克泰特时间"。他说："我严令我的秘书，除总统和我的妻子之外，无论什么大事，不要把任何电话接给我。"

犹太人的时间观念极强，他们绝对不愿浪费时间。如果积压了文件，有时会耽搁重大事情，是变相地浪费时间、浪费金钱，这对犹太人来说是不能接受的。

商业往来的信件、商业函件等，可能是提供商业信息，或是请求商业往来，或是有关商品交易等等。每个信件，都包含着一条信息，给商人提供赚钱的机会。如果把这些积压了，很可能会失去一次发财的机会。因为对方的时间同样是宝贵的，当对方迟迟等不到消息时，就会另觅合作伙伴。如果是这样，就是白白失去了一个赚钱良机，犹太人很清楚这一点。

4．注重时间价值的商业体现

犹太人重视时间的另一层意义是，抓紧一分一秒可以抢占商机、争取竞争的主动权。

时间的价值还体现在，赶季节和抢在竞争对手前获取好价格与占领市场。在竞争激烈的市场中，谁能在市场上一马当先，以质优款新的产品问世，谁就能获得较好的经济效益。

比如电子手表，刚上市时每块售价几十美元乃至几百美元。而后来的竞争者推出同类产品时，价格一落千丈，每块售价只有几美元。再比如人们日常食用的水果、蔬菜，在反季节时售价数倍于盛产季节。为什么会出现如此大的反差呢？这就是"时间"价值的体现。

我国唐朝学者李肇在《国史补》一书中，讲了这样一个故事。在崎岖不平的山间小道上，一辆载着瓦瓮的驮车打滑不前，使得后面几十辆货车受阻。这些货车必须在半小时内赶到前方一座小镇，否则车上货物的价格就要大打折扣，因此大家都十分着急。后来，货主忍不住了，就问前面的人："车上的瓦瓮共值多少钱？"对方回答："8000钱。"货主便叫随从给那人8000钱，然后叫人将瓦瓮全部推下了山崖，使自己的货车得以抢先到达目的地。

这个故事给人的启示是：做生意必须有很强的时间观念，必须懂得时间就是金钱的道理。

罗斯柴尔德的三儿子尼桑年轻时在意大利从事棉、毛、烟草、砂糖等商品的买卖，很快便成了大亨。这位传奇式人物的表现很让人称道，但最让人称奇的是，仅仅在几小时之内，他就在股票交易中赚了几百万英镑。

故事发生在1815年6月20日，伦敦证券交易所一早便充满了紧张的气氛。因为就在前一天，即 6 月 19 日，英国和法国之间爆发了关系到两国命运的滑铁卢战役。如果英国获胜，英国政府的公债将会暴涨；反之拿破仑获胜的话，公债必将一落千丈。因此，交易所里的每一位投资者都在焦急地等候着战场的消息，只要能比别人早知道一步，哪怕半小时、10 分钟，也可趁机大捞一把。

　　战事发生在比利时首都布鲁塞尔南方，与伦敦相距非常遥远。因为当时既没有无线电，也没有铁路，除了某些地方使用蒸汽船外，主要靠快马传递信息。而在滑铁卢战役之前的几场战斗中，英国均吃了败仗，所以大家对英国获胜抱的希望不大。

　　这时，尼桑开始卖出英国公债了，于是，有的人便跟进，瞬间英国公债暴跌，正当公债的价格跌得不能再跌时，尼桑却突然开始大量买进。交易所里的人给弄糊涂了，这是怎么回事？正在此时，官方宣布了英军大胜的捷报。就这样，尼桑发了一笔大财。

　　原来，罗斯柴尔德的 5 个儿子遍布西欧各国，他们视信息和情报为家族繁荣的命脉，所以很早就建立了横跨全欧洲的专用情报网，并不惜花大钱购置当时最快最新的设备，情报的准确性和传递速度都超过英国政府的驿站和情报网。正是因为有了这一高效率的情报通讯网，才使尼桑比英国政府抢先一步获得滑铁卢的战况。

第四章 决不做影响信用的事情

> 犹太人是天生的商人，商人的最大本钱不是资金而是信用。订立契约是犹太人千百年来形成的做事习惯，而遵守契约更是犹太人矢志不渝的做事底线。不讲信用的事情犹太人不做，因为他们相信，一个人丢了信用便丢了一切。

1. 即使吃大亏也要遵守契约

犹太人是契约之民，他们认为契约是人和神的约定。在他们的观念中，契约是神圣不可侵犯的。

契约就是双方在交易过程中，达成协议后，为了维护各自的利益而签订的在一定时期内必须履行的一种责任书。一般来说，契约得到法律承认，并在一定程度上受法律保护。人们在经营过程中，就是根据它来扩大自己的经营范围。在各个国家，有不同形式的契约存在。但是，人们对契约的信任程度并不一样。在有些国家中，毁约之事时常发生。而对犹太人来说，毁约行为是决对不允许发生的。契约一经签订，无论发生什么问题，都是不可毁弃的。《威尼斯商人》中的夏洛克——一位爱财如命的犹太人，在法庭上，面对破产的安东尼奥的朋友提出的各种绝对有好处的条件，一直坚持着原来的契约，这不仅仅是为了报复基督教徒，而且也是为了遵守契约，维护契约的圣洁不可更改。

现实生活中的犹太人，也同样是严格遵守契约的：在他们看来，契约一旦签订，就是生效了，不但自己应该遵守，也严格要求对方遵守，对契约决不允许发生含糊不清、模棱两可的情形。

犹太人是信守契约的。他们之间只要签订了契约，就不会有任何后顾之忧。他们信任契约，相信签约的双方都是会严格遵守的。因为他们深信："我们的存在，是履行和神所签订的存在契约。"他们之所以不毁约，是因为他们认为契约是和神签的约，人的存在本身也是在履行契约。

所以说，犹太人是契约之民，他们所信奉的犹太教，是契约的宗教，在犹太人心中，契约是如此神圣不可侵犯。因而在犹太商人当中，根本不会有"不履行债务"这句话，对于不履行债务者，他们会严格地追究责任，毫不客气地要求赔偿损失；对于不遵守契约的犹太人，则会把他驱除出犹太人商界。

由于各个国家、各个民族对契约的重视程度不同，所以犹太人在与外人做生意时总是小心翼翼。他们第一次与他人接触时，一般会显得对其不太信任，因为对方是否守约还未可知。特别是再次与不守约的人打交道时，他们根本不会相信所签订的契约。所以，与犹太人交往，要博得犹太人的信任，第一件事便是遵守契约。无论如何都要做到这一点，否则你便是白费心机，因为犹太人决不会信任一个对他们的"神"不敬的人。

日本的"肉馅面包大王"，是深受犹太人信赖的。他是如何获得这种来之不易的信赖的呢？他的一句话就是"即使吃大亏也要守约"，在他的经商过程中更是处处体现了这句话。

犹太人的经商史，可以说是一部有关契约的签订和履行的历史。犹太人经商的奥秘在于"契约"。世界上万物都在不断地发生变化，但契约的内容是永远不变的。遵守契约、维护契约是保证利益不受侵犯的前提，是赚钱做生意的保障，犹太人就是在"契约"的保障下，赚钱致富的。

总之,契约是神圣的,不可毁弃,因为神的旨意不可更改。这便是犹太人的契约观。所以,商人想赚钱,特别是想赚犹太人的钱,首先就应该改变自己以前的契约观。

2. 把契约的形式和订约的目的性有机结合

由于有着良好的法律素质,所以犹太商人不但乐于而且非常善于守约,这个"善于"指的是他们有能力、有办法在严格遵守法律或契约规定的形式这一前提下,最大限度地实现自己的目的,哪怕这一目的在实质上是不符合法律或契约的规定的。这种强调形式上守法守约的精神集中体现在下面一则充满智慧的古代犹太寓言中。

古时候,有个贤明的犹太商人,他把儿子送到很远的耶路撒冷去学习。一天,他突然染上了重病,知道来不及同儿子见上最后一面了,便在弥留之际立了一份遗嘱,上面写得十分清楚,家中所有财产都转让给一个奴隶;不过要是财产中有哪一件是儿子所想要的话,可以让给儿子。但是,只能是一件。

这位父亲死了之后,奴隶很高兴自己交了好运,连夜赶往耶路撒冷,找到死者的儿子,向他报丧,并把老人立下的遗嘱给儿子看。儿子看了非常惊讶,也非常伤心。

办完丧事后,犹太商人的儿子一直在合计自己应该怎么办。但左思右想理不出个头绪来。于是,他跑去找社团中的拉比,向他说明情况后,就发起了牢骚,认为父亲一点都不爱他。

拉比听了后却说:"从遗书来看,你父亲非常贤明,而且真心爱你。"儿子却厌恶地说:"把财产全部送给奴隶,不留一点给儿子,连一点关怀的意思也没有,还贤明呢,只让人觉得愚蠢。"

拉比叫他不要发火，好好动动脑子，只要想通了父亲的希望是什么，就可以知道，父亲给他留下了一笔可观的遗产。拉比告诉他，父亲知道如果自己死了，儿子又不在，奴隶可能会带着财产逃走，连丧事也不报告他。因此父亲才把全部财产都送给奴隶，这样，奴隶就会急着去见儿子，还会把财产保管得好好的。

可是，这个当儿子的还是不明白，既然财产全都送给奴隶了，保管得再好，不也是那个奴隶的吗？对自己又有什么益处？

拉比见他还是反应不过来，只好给他挑明："你不知道奴隶的财产全部属于主人吗？你父亲不是给你留下了一样财产吗？你只要选那个奴隶就行了。这不是充满爱心的聪明想法吗？"

听到这里，年轻人才恍然大悟，照着拉比的话做了，后来他还解放了那个奴隶。

很明显，这个犹太商人实实在在地使了一个小计策，遗嘱所给予奴隶的一切都建立在一个"但是"的基础上，前提一变，一切所有权皆成泡影。这就是这个犹太商人所立遗嘱的关键。

然而，如果进一步把这张契约提高到犹太商人对守法守约的根本心态的高度来看的话，便会发现其中还有大量的文章。

坦白来说，由于这是一份无奈之下所立的遗嘱，犹太商人在立遗嘱时就打定主意要使其无效，换句话说，也就是在立约时就准备毁约。诚如拉比分析的，他当时面临的是"要么让步，要么彻底失去"这样一种无可选择的选择，所以他只能选择让步，通过把全部财产让给奴隶，使奴隶不至于直接带着财产逃走。

然而，这种让步又使他心有不甘，真的把财产都给了奴隶，让奴隶带了财产逃走，这两者对他的儿子来说，基本上是一回事。但按照犹太人的规矩，无论他还是他的儿子，都不能随便毁约。

为了解决这个难题，聪明的犹太商人想出了这么一个好办法：他在遗嘱中装进了一个"自毁装置",犹太商人的儿子只要找到这个装置,就可以在履约的形式下取得毁约的效果。果然,在拉比的开导下,犹太商人的儿子真地启动了这个自毁装置,严肃的遗嘱在形式上得到了履行,而在实际上,至少相对那个奴隶来说,遗嘱等于完全废弃了。

所以,这个寓言真正要传达的意思是:如何借履行契约的形式来取得毁约的效果。转换成一般命题的话,就是:如何在守法守约的形式下,取得违反法律或毁弃契约才能取得的效果。

这个命题看上去极不像话,一个素以守法守约著称的民族,怎么可以动此等脑筋,这岂不是很不光明正大吗?然而,恰恰是这一命题所代表的观念和做法,最符合现代法制的本质与精神。现代社会经济秩序的合理化本身就是一种形式的合理化,而不是内容的合理化。这种形式化的内在倾向,从根本上说是由货币经济自身的特征造成的。货币在代表一切商品时,从来就只能代表它们抽象的量的属性,而无法代表它们各异的质的规定性。资本家以相同的工资支付不同工人的相同劳动时间,谁说这"相同的劳动时间"对不同的工人就具有"相同的意义"?同样,市场上不同的权利主体因为手中拥有的货币数量相等而获得的形式上的平等地位,并不能从根本上实质性地消除他们相互之间由于智力、体力、经验等个性差异所造成的内容上的不平等。甚至对资本积累来说,非常合理的"人世禁欲主义",对个体自身来说,也是无以复加地不合理。

正因为如此,货币经济范围内的合理、合法或正当等观念以及保证这些观念得以实现的法律、规章、程序等等,根本上、内在地都是某种形式化的东西。相应地,对于经济领域中人们守法守约的要求,也只能是形式上守法守约的要求。

所以,以守法的形式取得违法的效果,以履约的形式取得毁约的效果,恰恰是最符合形式合理化精神的守法守约行为。这等于说,犹太商人在差不多2000年前立下的一张遗嘱，其中已经包含着资本主义的本质要求。这不能不使人又一次惊叹犹太商人活动样式同资本主义经济运行方式的跨时代的同构。

不过，具体地看，犹太商人这种形式化的守法守约，同他们近乎无条件地守法守约有着内在联系，并且互为因果。没有近乎无条件地守法守约的传统要求，也就没有必要在违法或毁约的同时顾及形式上的守法守约；反过来，没有高超的形式化守法守约技巧，严格的无条件的守法守约只能束缚犹太商人自己，削弱他们的生存能力。犹太商人正是因为本身受到种种形式上的限制，才不得不向着形式的方向，发挥、发展着他们的立约技巧。靠着这种技巧，那些理应对他们约束得最为厉害的形式，却成了他们用来约束对手的最便利的手段。

3．口头的允诺也有足够的约束力

中国古代名将季布有"一诺千金"的美誉，而犹太商人以诚信为本，在全世界商界中，也是非常值得称道的，各国商人在同犹太人做交易时，都对对方的履约有着很大的信心，而对自己的履约也往往有着最严的要求，哪怕自己在其他场合有背信弃约的习惯。犹太商人以诚信为本的素质对整个商业世界的意义和影响，可谓"无论怎么评价也不会过分"。

现代经济社会之所以被称为契约社会，主要是因为人与人之间的关系摆脱了传统社会那种人身依附的性质，而成为一种权利主体之间自愿结成的权利义务对等（理想状态下）的关系。这种说法当然不错，但不够深刻，过于具体了些。事实上，作为现代经济社会的根本特征的货币与资本就是最为纯粹和抽象的"契约关系"。

作为一种"价值符号"，货币本身就是一种约定的东西，一种只有在各方约定的情况下才能流通使用的东西。如果说以贵金属为形式的货币，意味着自然凭借着贵金属的稀有性防范着人的"约定"（信用）的泛滥的话，那么不可兑现的纸币能否确立，则完全标志着人在以"诚信为本"上的严格程度。正因为有那么多政府无法像犹太商人那样严格履约，一次又一次的通货膨胀才会在世界范围内出现。

犹太民族以诚信为本已经是一个很古老的传统了。

犹太教同其他宗教的最根本区别，并不在于是一神还是多神、是否严格一神、这一神是否具有形象，重要的在于人与神之间的关系怎么样。与其他宗教不同，犹太教中上帝与以色列人的关系，就是一种"约定"的关系，而不是一种无条件的、绝对的、天然的支配与被支配、主宰与被主宰的关系。

犹太人是因为其族祖亚伯拉罕同上帝签了约，所以才信奉耶和华并世世代代遵守上帝的律法。古代犹太人长久珍藏的两块法版，相传是上帝亲手写下律法后交由摩西保存的，这两块法版其实也就是上帝与犹太人的契约。

这份契约从现代民法学的角度来看，是合乎合同法要求的，已具有合同应该具有的一些最重要的特征。

首先，立约双方都是完整的权利主体：亚伯拉罕99岁的时候，耶和华向他显现，对他说："我是全能的神，你应当在我面前做完全人，我就与你立约，使你的后裔极其繁多。"（《创世记》）显然，上帝自己是把亚伯拉罕看做完全人的，没有因为创造了人类始祖亚当和夏娃，就把亚伯拉罕看做一个依附者。

其次，合同书上权利义务对等的规定也十分明确："你若留意听从耶和华上帝的话，谨守遵行他的一切诫命。就是我今日所吩咐你的，他必使你超乎天下万民之上。你若听从耶和华上帝的话，这以下的福必追随你，临到你……"（《申命记》）

还有，如果不履行合同必须承担相应的后果："你若不听从耶和华上帝的话，不谨守遵行他的一切诫命律例，就是我今日所吩咐你的，这以下的诅咒都必追随你，临到你……"（《申命记》）

最后签名盖章留下信物：上帝把授予摩西的法版当做信物，以色列人的信物则是男子接受割礼。

从此，几千年以来，犹太人就世世代代守着这张合约，履行着合约上规定的一切，即使在因为履行这张合约而成为宗教异端并受到迫害时，他们也没有毁约。犹太人对契约的这种态度，从两方面影响了商业世界中契约观念、契约形式和履约方式的产生和发展。一是通过《圣经》（旧约全书）将契约的神圣性、履约的强制性和义务性灌输给所有以《圣经》为"圣经"的人，包括商人。二是通过犹太人，包括犹太商人的实际活动方式，尤其通过犹太商人巨大的成功，使许多人接受了契约的观念和形式。这一点在商业世界中尤为明显。

日本有个商人写过一本书叫做《犹太人生意经》，其实旨在推销自己。在书中，作者一边宣传自己如何因守信而得以取得犹太商人的信任，并被犹太商人称为"银座的犹太人"，一边向没有守约习惯和观念的同胞多次告诫，不要对犹太人失信或毁约。

犹太商人由于普遍以诚信为本，相互间做生意时经常连合同也不需要，口头的允诺已有足够的约束力，因为"神听得见"。犹太商人首先意识到的是守约本身就是一个义务，而不是守某项合约的义务。

我们也可以从侧面看出犹太商人以诚信为本及其取得的积极效果。

现代商业世界对信誉极为讲究，信誉就是市场，是企业生存的基础。所以，以信誉招徕顾客也成为许多企业共同使用的招数。但在商业世界中第一个奉行最高商业信誉"不满意可以退货"的大型企业，是美国犹太商人朱利叶斯·罗森沃尔德的"希尔斯·罗巴克百货公司。"这项规定是该公司在20世纪初推出的，在当时被一些人评价为"闻所未闻"。确实，这已经大大超出一般合约所能规定的义务范围，甚至把允许对方"毁约"都列为己方无条件的义务！

极高的商业信誉给犹太商人事业发达所带来的好处，也是显而易见的，毕竟这种信誉是最有远见的"理性算计"。

4．履行合同要做到不折不扣

合同就是交易双方在交易过程中，为了维护各自的利益而签订的在一定时期内必须履行的一种责任书，只要不违法，就能得到法律的保护。

犹太人之所以成功，一个主要原因就是他们一旦签订了契约就一定执行，即使有再大的困难和风险也要自己承担，而且无怨无悔。他们信任契约，因为他们深信："我们的存在是履行和神的签约，决不可毁。"

由于合同的神圣不可侵犯，因此犹太人在谈判中非常讲究谈判艺术，并能综合考虑各种可能出现的问题，千方百计地讨价还价。因为合同不签订是你的权利，但一旦签订就要承担自己的责任。在他们看来：合同是神圣的，神的旨意决不可更改。

特别是高级商务更要讲究信誉，信誉就是市场。钻石、珠宝等高级奢侈品的世界市场主要由犹太人垄断，并不仅仅是由于钻石、珠宝等便于携带，更主要的是犹太人有着极高的商业信誉。正如一位珠宝商所言："经营钻石珠宝，其实是经营你的信誉，如果你拿一个一文不值的东西去卖了1000美元，那就是你用1000美元把自己卖出了珠宝行业，永远也不会在珠宝上赚到钱了。"

这一点对我们当今的生意人来说是颇有教益的。守信遵约的商人越多，社会经济向文明方向发展的速度就越快，犹太人之所以会成为世界上维护经济秩序的一大力量，很大程度上就取决于这点。

有一位西班牙出口商与犹太商人签订了1万箱蘑菇罐头合同,但货物到达目的地后,犹太商人拒绝收货。原来,合同规定为:"每箱10罐,每罐500克。"但出口商在出货时却装运了1万箱750克的蘑菇罐头,货物的重量比合同多了250克,超出了合同规定份额的50%。货物滞留在港口,每天出口商要付出一大笔库房租金,西班牙出口商几次与犹太商人协商此事,甚至同意超出合同重量不加收一分钱,而犹太商人仍不同意,并起诉出口商,向西班牙出口商索赔。出口商无可奈何,只好赔偿了犹太商人10多万美元,并把货物另做处理。

这件事情乍一看,似乎是犹太商人太不通情理,多给他货物也不要。事实并不是那么简单,因为犹太人极为注重合同,可以说是"契约之民"。他们一旦签订合同,不管发生任何困难,也决不毁约。只要是跟犹太商人打过交道的人都知道:犹太人"生意经的精髓在于合同"。当然,他们也要求签约对方严格履行合同,如果对方不按合同办事,他们会毫不留情地采取措施予以拒绝。

在上例中,合同规定的商品规格是每罐500克,而那位出口商交付的却是每罐750克,虽然重量多了250克,但卖方未按合同规定的规格条件交货,是违反合同的。根据美国法律是重大违反合同;根据英国法律是违反要件。犹太人精于经商,深谙国际贸易法规和国际惯例。他们懂得,合同中交易物品品质条件是一项重要条件,或者可称为实质性的条件。因此,犹太商人此举不管到哪里都是站得住脚的。按国际惯例,犹太商人完全有权拒绝收货并提出索赔。

另外,本事情的发生还有可能会给买方犹太商人带来意想不到的麻烦。假设犹太进口商所在国家是实行进口贸易管制比较严格的国家,如果进口商申请的进口许可证是每罐500克,而实际到货是每罐750克,其进口重量比进口许可重量多了50%,很可能遭到进口国有关部门的质疑,甚至会被怀疑有意逃避进口管理和关税,以多报少不仅要被追究责任和罚款,而且这个犹太商人的信誉度将会大大降低,这也是犹太人最害怕的事情。尤其是对 1 万箱罐头的销售,他也一定是跟经销商签了合同的,由原来的 500 克变成现在的 750 克,即使不加价,也得跟人家去一一解释,这本身就是一种违约行为,犹太人往往会担心这样做有损自己的商业信誉,后果是十分严重的。

还有一点,犹太商人购买不同规格的商品是有一定的商业目的的,犹太人做生意前都要认真考察市场,包括适应消费者的爱好和习惯、市场供需的情况、对付竞争对手的策略等,对潜在的市场有一定的把握后才经营他们的产品。如果出口方装运的 750 克蘑菇罐头不适应市场消费习惯,即使每罐多给 250 克并不加价,进口方的犹太商人也不会接受,因为这打乱了他的经营计划,有可能使销售渠道和商业目标受到损失。

由此可见,合同是买卖双方极为重视的构成要件,违反合同规定,对买卖双方都会产生严重后果。犹太人深知其利害,故强调要坚守合同。

随着商品经济的发展,合同不仅受到犹太人重视,而且逐渐受到世界各国商人的普遍重视。双方签字后的合同,就成为约束双方的法律性文件,有关合同规定的各项条款,双方都必须遵守和执行。任何一方违反合同的规定,都必须承担法律责任。因此,签订合同的任何一方必须严肃认真地执行合同。犹太商人大多能在商业领域卓有成效与其重视合同有密切关系。

第五章　重智慧胜于重金钱

犹太人看重金钱是出了名的，所以我们说犹太人重智慧胜于重金钱不免让人产生疑义，而这其实也正是犹太人的过人之处。在中国传统智慧中就有"授人以鱼"不如"授人以渔"之说，对于犹太人而言，金钱是"鱼"，智慧则是"渔"——能带来无穷无尽的鱼。

1．与门第、出身相比更看重智慧

犹太人只重视个人的智慧力量，而不看重出身门第的高低。

在《犹太法典》中有一则小故事，故事中出现两个犹太人，一个是以自己家世为荣的富翁的儿子，另一个则是一贫如洗的牧羊人。

当富翁的儿子夸耀自己的祖先之后，牧羊人说："原来你是那样伟大祖先的后裔啊！不过，你要知道，如果你是你们家族中的最后一个人，那我就是我们家族的祖先。"

在犹太社会中，"家"的存在具有很大的意义，它因学问、慈善行为及对于地域社会的贡献程度而有所差别，但是，其中最重要的是"学问"。金钱、事业上的成功，对于"家"的荣誉并不是很重要的因素。

有一则这样的犹太故事：

拉比约书亚是一个博学而朴实的学者。

一天，哈德良皇帝的女儿对拉比约书亚说道："一个多么伟大的智者却出生在如此丑陋的人家里！"

约书亚回答道："在你父亲的宫殿里好好学学吧。你知道葡萄酒装在什么样的容器里吗？"

公主答道："装在陶罐里。"

"陶罐！但那是普通老百姓用的。"约书亚说，"你应该把葡萄酒放在金银器皿里。"

于是，公主把葡萄酒从陶罐里倒出来，装到了金罐和银罐中，不久，所有的葡萄酒都酸了。

约书亚对公主说："你看，律法经也是如此，人的智慧也一样。"

"难道没有既出身好又博学的人吗？"

"有。"学者约书亚反驳道，"但如果出身穷苦一些的话，他们的学问会更大！"

出身富家，或出身富贵的人，并不一定都有学问，因此犹太人中，穷人遇到富豪子弟时，不会自卑，更不会觉得有什么可怕，但是遇到有知识的人时，无论是穷人还是富人都会对他非常敬重，这是因为犹太人只注重个人的才华和智慧，而不会去看他的家庭和出身。

事实上，有很多著名的犹太人，出身都很卑微，如木匠、石工或牧羊人等，其中最具代表性的希勒尔是木匠，亚基巴是牧羊人。他们之所以能够成为犹太人中的杰出人物，就是因为他们自身的能力所致。而犹太民族中智慧重于门第出身的观念则为他们的脱颖而出提供了一个大环境。

正是因为犹太人重个人智慧而不重出身门第，才使犹太民族孕育了许多杰出的人物。而这一观念体现在人际交往中，则是犹太民族在日常生活中很少有门第观念，在人与人的交往中，犹太人少有趋炎附势之举，出身再好的人也难以依靠出身攫取社会地位，或者取得什么其他优势，人们都是依靠勤劳和智慧获得个人地位的。

个人智慧重于门第出身是犹太人处世的重要观念，它激励了许多出身平凡的人去积极进取，也体现了社会公平的原则。

2. 智慧的高低决定着赚钱的多少

犹太人是一个酷爱智慧的民族，犹太商人也是极其擅长于以智取胜的商人。不过智慧这个词也属于模糊概念，范围极大，定义又不清，到底什么是智慧，可能各有各的说法，那么在犹太商人看来，什么是智慧呢？

犹太人有则笑话，谈的是智慧与财富的关系。

两位拉比在交谈：

"智慧与金钱，哪一样更重要？"

"当然是智慧更重要。"

"既然如此，有智慧的人为何要为富人做事呢？而富人却不为有智慧的人做事？大家都看到，学者、哲学家老是在讨好富人，而富人却对有智慧的人露出狂态呢？"

"这很简单。有智慧的人知道金钱的价值，而富人却不懂得智慧的重要呀。"

拉比即为犹太教教士，也是犹太人一切生活方面的"教师"，经常被看做为智者的同义词。所以，这则笑话实际上也就是"智者说智"。

拉比的说法不能说没有道理，知道金钱的价值，才会去为富人做事，而不知道智慧的价值，才会在智者面前露出狂态。但笑话明显的调侃意味又体现在哪里呢？就体现在这个内在的悖谬之上：有智慧的人既然知道金钱的价值，为何不能运用自己的智慧去获得金钱呢？知道金钱的价值，但却只会靠为富人效力而获得一点带"嗟来之食"味道的酬劳，这样的智慧又有什么用，又称得上什么智慧呢？

智慧与金钱的同在与同一，使犹太商人成了最有智慧的商人，使犹太生意经成了智慧的生意经。犹太生意经是让人在做生意的过程中越做越聪明而不是迷失的生意经！

犹太商人赚钱强调以智取胜。

犹太人认为，金钱和智慧两者中，智慧较金钱重要，因为智慧是能赚到钱的。

基于这样的观念，在犹太人看来，即使一个十分渊博的学者或哲学家，如果他赚不到钱，一贫如洗，那么学者的智慧只是死智慧、假智慧。真正有智慧的人是既有学识又有钱的人，所以犹太人很少赞美一个家徒四壁的饱学之士。

有一个这样的故事：

贫穷的犹太教区加利曾写信给伦贝格市一位有钱的煤商，请他以慈善为目的赠送几车皮煤给教区。

商人回信说："我们不会给你们白送东西。不过，我们可以半价卖给你们50车皮煤。"

该教区表示同意先要25车皮煤。交货3个月后，他们既没付钱也不再买了。

不久，煤商寄出一封措词强硬的催款书，没几天，他收到了加利曾教区的回信：

"……您的催款书我们无法理解，您答应卖给我们50车皮煤减价一半，25车皮煤正好等于您减去的价钱。这25车皮煤我们要了，那25车皮煤我们不要了。"

煤商愤怒不已，但又无可奈何。他在高呼上当的同时，不得不佩服加利曾教区犹太人的聪明才智。

在这个故事中，加利曾教区的犹太人既没耍无赖，又没搞骗术，他们仅仅利用这个口头协议的不确定性，就气定神闲地坐在家里等人

"送"来了25车皮煤。

这就是犹太人的赚钱高招。

犹太人爱钱,也从来不隐瞒自己爱钱的天性。所以世人在指责其嗜钱如命、贪婪成性的同时,又深深折服于犹太人在金钱面前的智慧。只要认为是可行的赚法,犹太人就一定要赚,赚钱天然合理,这就是犹太人经商智慧的高明之处。

3. 拥有智慧可以创造利益

古时候,耶路撒冷的一个犹太人外出旅行,途中病倒在旅馆里。当他知道自己的病已经没有希望时,便将后事托付给了旅馆主人,请求他说:"我快要死了,如果有知道我死并从耶路撒冷赶来的人,就请把我的这些东西转交给他。但是,此人必须做出3件聪明的事,否则,就绝对不要交给他。因为我在旅行前对儿子说过,如果我在旅途中死了,要继承遗产的话,必须做出3件聪明的事才行。"

说完,这个人就死了。旅馆主人按照犹太人的礼仪埋葬了他,同时向镇上的人发布了这个旅行者的死讯,还派人送信到耶路撒冷。

旅行者的儿子在耶路撒冷经商,听到父亲的死讯后,立刻赶到父亲死亡的那个城镇。他不知道父亲死在哪一家旅馆里,因为父亲临死前,曾叮嘱不要把那所旅馆的名字告诉儿子,所以儿子只好发挥自己的聪明头脑来处理这个棘手的问题了。

这时,刚好有个卖柴人挑着一担木柴经过,旅行者的儿子便叫住卖柴人。买下木柴后,吩咐他直接送到那家有个耶路撒冷来的旅行者死在那里的旅馆去。然后,他便尾随着卖柴人,来到了那家旅馆。

旅馆主人见卖柴人挑着木柴进来,便对他说:"我没有向你买过木柴。"

卖柴人回答说："不，我身后的那个人买下了这担木柴，他要我送到这里来。"

这是那个儿子做的第一件聪明的事。

旅馆主人很高兴地迎接他，为他准备晚餐。餐桌上有5只鸽子和一只鸡。除了他以外，还有主人夫妇和他们的两个儿子和两个女儿，一共7个人围坐在餐桌旁一起吃饭。

主人要旅行者的儿子把鸽子和鸡分给大家吃，青年推辞说："不，你是主人，还是你来分比较好。"

主人却说："你是客人，还是你来分。"

青年便不再客气，开始分配食物。首先，他把一只鸽子分给两个儿子，另一只鸽子分给两个女儿，第三只鸽子分给主人夫妇，剩下的两只，就自己拿来放在盘子里。

这是他做的第二件聪明的事。

接着他开始分鸡肉，他先把鸡头分给主人夫妇，然后是主人的两个儿子各得一个鸡腿，两个女儿各得一个鸡翅膀，最后剩下的整个鸡身子全归了他自己。

这便是他做的第三件聪明的事。

看到这种情形，主人终于忍不住大声叱责他说：

"在你们国家里就兴这么做吗？你分配鸽子的时候，我还可以忍耐，但看到你这么分配鸡肉，我再也忍受不了了，你这么做到底是什么意思？"

年轻人不慌不忙地说："我本来就无意接受这项分配工作，可是你硬要我接受，所以我按照我认为最完善的作法做就是了。你和你太太以及一只鸽子合起来是3个，你两个儿子和一只鸽子合起来是3个，两个女儿和一只鸽子合起来是3个，而我和两只鸽子合起来也是3个，这很公平嘛。还有，因为你和你太太是家长，所以分给鸡头，你们的儿子是家里的柱子,所以给他们两只鸡腿,把翅膀分给你女儿,是因为她们迟早要长翅膀飞到别人家里去的,而我本人是坐船到此,还要回去,所以取了鸡身。请赶快把父亲的遗产交给我吧。"

这位年轻人处理这3件事的举动都可称为"聪明行为",初看起来,确实有点费解。

第一个行为可以算聪明行为。因为这个年轻人面临的是一个问不出答案,或者不准问的问题。通过一笔木柴交易,他把回答这个问题作为成交的条件,让卖柴人为了自己的利益而帮助他解决了难题。

从这层意义上说,他通过利益再分配,使卖柴人与他在利益上有了一些共同之处,从而借他人之力达到了自己的目的。这一行为很聪明。

可是,这分鸽子、分鸡肉,就不那么容易理解了。这种近于恶作剧的行为也是聪明的行为吗?要是的话,那大孩子诈骗小孩子的玩具、吃食等行为,似乎也可以算做大有出息的聪明行为了。当然,会诈骗总比一味只知抢夺、要多几分聪明或者狡诈。

其实,这里有个小小的机关。故事中特意提到旅馆主人发火之事。为什么发火,从表面上看,是那位年轻人"贪"宾夺主,把主人桌上的鸽子、鸡肉大量占为己有,所以惹得主人发火。

但是,要再看下去呢?显然,年轻人要主人发火才是他的本意。正是在主人发火之后,他才理直气壮地要求主人归还遗产。这里就有奥妙了。

奥妙说穿了实在简单得很。

年轻人来此是为了取得父亲的遗产,但条件却十分苛刻:表现出3个聪明行为。这说起来简单,做起来并不简单。因为这聪明二字没有一个明确的、可操作的标准。他尽可以竭其所能地表现他的聪明,但认可不认可他的行为为聪明行为,主动权不在年轻人的手里,而在旅馆主人手里。

所以，为了让旅馆主人早一点承认他的聪明，年轻人又一次借人与人的利益关系来做文章了。

如果说，他借卖柴人之力时，用了利益同增的策略的话，那么，在"迫使"旅馆主人合作时，则用了利益同减的策略：你如果不承认我的聪明行为从而不给我遗产的话，我将没完没了地以牺牲你利益的方式，迫使你承认我的聪明。既然你有权利决定我的行为是否聪明，那么，你也有义务不断接受我各种不够格的聪明行为所带来的一切不聪明的后果。所以，如果你的聪明能使你认识到自己的损失，那么，你的聪明也一定会以承认我的聪明来摆脱你的困境，还有我的困境。

因此，旅馆主人咆哮如雷之时，也就是他已经感觉到利益受损之时。年轻人的一番话，只是证明其行为之聪明的"意识形态"，即看似有理（因为有种种数据）的解说而已。真正有分量的，是他的行为所带来的结果。

从上述看似繁琐的阐述中，我们似乎可以感觉到犹太人看待和处理人际关系的灼见和谋略。

这个年轻人同卖柴人及旅馆主人这样非亲非故之人的关系中，其他考虑包括道德考虑也是需要的，但真能击中要害、调动对方的唯有利益。只有他人的利益同你的利益紧紧地绑在一起的时候，他人才可能像为自己谋利或避害一样为你着想，因为这一着想，以及由其产生的努力可以同时带来其自身利害的相应变动。

所以，与人相处或调动对方时，最好的办法就是"让他人为自己的利害着想"。中国的那些义兄义弟们所标榜的"有福同享、有难同当"，其实就是利益的共享。

今日美国犹太人院外集团的活动之卓有成效，就是这一谋略成功的证明。当美国犹太人拥有巨额资金和至关重要的选票，并能团结得像一个人一样，极其精明地将他们按照"利害与共"的原则加以运用时，无论是国会议员，还是觊觎白宫宝座的竞选人、希望连任的白宫主人，都不能不最大限度地满足他们的要求。要知道，到1974年，美国犹太人为民主党和共和党提供的竞选资金，已分别达到他们所收到的竞选资金总额的60%和40%！

不过，以智慧创造利益，这也需要一个人有仗"智"疏财的气度与胆略。

4．做个堂堂正正的精明人

世界各国各民族中都不乏精明之人，这是毫无疑义的，然而相比较而言自然还有个程度的不同，对精明本身的态度也大不一样。比如说，中国人讲究的是智慧，更追求"大智若愚"的境界，从"大智"需要"若愚"可以反窥出在中国人的心态中，精明是一种适宜于在阴暗角落中生存的物种，中国人的典故中多的是"聪明反被聪明误"的训诫，同时反映出："精明"在中国文化心态中多多少少有点像个丑角。而犹太人则不同。

犹太人不但极为欣赏器重、和推崇精明，而且是堂堂正正地欣赏、器重、推崇，就像他们对钱的心态一样。在犹太人的心目中，精明似乎也是一种自在之物，精明可以以"为精明而精明"的形式存在。这当然不是说，精明可以精明得没有实效，而是指除了实效之外，其他的价值尺度一般难以用来衡量精明，精明不需要低头垂首地在宗教或道德法庭上受审或听训斥。下面这则笑话可以说最为生动而集中地显现了犹太人的这种心态。

美国和苏联两国成功地进行了载人火箭飞行之后，德国、法国和以色列也联合拟定了月球旅行计划。火箭与太空舱都制造就绪，接下来就是挑选太空飞行员了。

工作人员先问德国应征人员，在什么待遇下才肯参加太空飞行。

"给我3000美元，我就干。"德国男子说，"1000美元留着自己用，1000美元给我妻子，还有1000美元用做购房基金。"

工作人员接下来又问法国应征者，他说："给我4000美元。1000美元归我自己，1000美元给我妻子，1000美元归还购房的贷款，还有1000美元给我的情人。"

以色列的应征者则说："5000美元我才干。1000美元给你，1000美元归我，其余的3000美元雇德国人开太空船！"

由这则笑话传达出来的犹太人的精明，用不着我们多说了，犹太人不需从事实务（开太空船）而只需摆弄数字，而且是金融数字就可以享有与高风险工作从事者同样的待遇，这正是犹太人风格中最显著的特色之一。

令人意外的是，这不是其他民族对犹太人出格的精明的一种刻薄讽刺，而是犹太人自己发明的笑话。

平心而论，犹太人并没有盘剥德国人，德国人仍然可以得到他开价的3000美元，至于是从有关委员会那里拿到的还是从犹太人那里拿到的，这在钱上面并不能反映出来。至于犹太人自己的开价，既然允许他们自定，他报得高一些也无可非议，怎么安排纯属个人的自由，就像法国人公然把妻子与情人在经济上一视同仁一样。所以，在这则笑话中，犹太飞行员的精明没有越出"合法"的界限。

而且说实话，仅就结果而言，任何一国的飞行员要处于这种"白拿1000美元"的位置上，都会感到满意的。但无论在笑话中还是现实生活中，他们都不会提出这样的要求，甚至连想也不会想到，因为这种"过于直露的精明"在潜意识层次就被否定了：他们会为自己的精明而感到羞愧！

但从这则笑话本身来看，我们丝毫感觉不到犹太人为自己精明得

"过分"而羞愧的意思,只有一种得意,一种因为自己想出了如此精明甚至精明得无法实现的念头而"洋洋自得"的心情。至于是否"过于直露"这种考虑,丝毫不能影响他们的精明盘算,更不能影响他们对精明本身的欣赏。他们把精明完全看做一件堂堂正正,甚至值得炫耀的东西!可以说,对精明自身的发展、发挥来说,没有什么东西比这种坦荡的态度更为关键了。犹太人可以说就是在为自己卓有成效的精明的开怀大笑声中,变得越来越精明的!

犹太民族的笑话大多都是精明的笑话,而现实生活中的犹太人更多的是精明之人,而且还是同样对精明持这种坦荡态度的精明之人。

第六章　最坚强的人是能够驾驭心灵的人

一般人注意犹太人，是因为他们手里的财富、辉煌的成就以及在金钱方面的聪明才智，但是，在背后主导这一切的奥秘却是他们能够驾驭自己，驾驭自己的心灵。所谓"人者心之器"，正因为他们能够操纵自己的心灵，才可以顶天立地地操纵世间的一切。

1. 与其指望别人，不如亲自动手

人最爱犯的错误是认识和观念错误，一旦观念不正确，必然导致行为跟着错。

任何人都希望别人给予自己帮助。在困难和危险面前，我们总在想：要是有人帮我一把该有多好！于是，我们总寄希望于别人，特别是自己的朋友。但实际上，朋友再好也仅仅只是朋友，他心里想什么你只能去揣测，而绝对不会受你左右，至于那些不曾相交的一般人，就更别指望了。一般而言，人是有善心的，但是决不是每个人都是菩萨。所以，自己不做事而寄希望于别人，便是天生的寄生虫；与其将希望寄托在别人身上，不如从自己开始，牢牢把握自己。

人人都希望有个好的家庭，在生活中获得成功与幸福；也希望自己有良好的工作条件和拥有一个富裕的祖国。这样的话，我们便可以不怎么努力即可衣食无忧。可是，我们知道如何来创造一个良好的家庭环境、好的工作条件和富裕的国家吗？我们羡慕那些显赫的家族，可我们必须知道，当他们的先辈创业时多半也是白手起家，靠自己的双手和智慧才赢得了一片天地，而后继者也是勤耕不辍、兢兢业业，在先辈开创的基础上继续前进，而决不是坐享其成、坐吃山空。我们梦想着有个优雅舒适的工作空间，做着令人艳羡的白领或金领贵族，可是我们必须知道，这样的工作空间是靠自己不断地学习和积累经验才换来的。同样，我们希望自己降生在一个美丽、富饶、繁荣的国家，可是，正如肯尼迪所说的那样："不要问你的国家能给予你什么，而要问你能为自己的祖国做些什么。"如果没有个体的奋斗与努力，一个国家又何来繁荣与富强呢？

总之，一个道理，一切都要从自己开始，善断好坏远远不够，与其指望别人，不如自己亲自动手。

可是，人的天性就是对别人的过失总是很敏感，而对自己的过错却异常宽容，有时甚至还为自己强词夺理，巧言辩护。人可以做到严格地要求自己的妻子、儿女、同事、朋友、上司、下属，却唯独不能做到严格要求自己。因此，人最大的缺点就是不能以身作则，从我做起。中国有句俗话叫"正人先正己"，更告诫人们"其身正，不令而行；其身不正，虽令不从"。我们要时时反省自己，"吾日三省吾身"，先自我批评，管好自己，然后才能推己及人。

《犹太法典》中这样告诫犹太人：

"最值得依赖的朋友在镜子里，那就是你自己"。

"人们介意他人身上细微的皮肤病，却睁眼不见自己身上的重病"。

"人有两片耳一张嘴，就是要人凡事应多听少说"。

同时，《犹太法典》也这样来比喻领导者：

"身体从头开始"。

"没有船长的船，就如同没有舵，全然不知方向"。

"能以微笑回答别人非难的人，是领袖之才"。

人首先要要求自己，然后才可以要求别人。路要真正自己去踩，才真正算走自己的路。自己不走，叫别人走，是毫无道理的；而踩着别人的脚后跟走，其实是替别人走路。

犹太人有着凡事从自己做起、善于自我反省、慎独自律的传统。他们以信守合约、遵守法律而著称于世。在商业活动中，犹太商人严格遵守契约合同，哪怕这种约定只是口头上的。在他们看来，既然双方达成了某种一致，就应该一丝不苟地去执行。也就是说，无论如何，都要求自己遵照契约的约定来履行自己的义务和享用自己的权利。他们相信，只有从自己做起、从自己这方面去执行合约，才能真正体现合约的精神——按照合约约定来履行自己的义务。两方都按合约约定来要求自己，这样合约的价值才能真正体现；否则，一方不从自己做起，却要求对方，那合约的执行就会遇到困难；如果双方都想着用合约去牵制别人，那么这个合同就可能无法签订。在与犹太人的商业往来中，很少存在犹太人不履行合约的情况，除非是合约本身有问题。正是这种先从自己做起，严格要求自己遵守约定的商业精神，使犹太人获得了"世界第一商人"的桂冠。

同样，在犹太人的经营管理活动中，他们从来都是以身作则，自己先做好表率，然后才以自己的行动去感化影响别人，很少有自己都没有遵守却让别人遵守的情况。或许，遵守规章、履行契约、从我做起，这些只是犹太人从我做起比较浅层次的表现。在内心的灵魂深处，犹太人有着可贵的"慎独"精神，也就是可贵的自我反省、自我批评的精神，他们总是去问自己做了什么，做对了什么，应该做什么，却很少去要求别人该怎样做。

在公众面前受到社会的压力，遵守规范是比较容易的。而单居独处之时，外界压力完全消失，只剩下内心的良知抵御着蠢蠢欲动的恶念。

唯有此时能把持得住自己，方算得上有道德根底的人，所以《塔木德》上有一句话："在他人面前害羞的人，和在自己面前害羞的人之间，有很大的差别"。

很明显，在"罪感"支配下的个体行为要比在"耻感"支配下的个体行为，在遵守规范时有着更大的自愿性、自觉性和自律性，这在犹太人的行为中表现得十分明显。

在拉比的教诲中，"独居闹市而不犯罪"，之所以能同"穷人拾遗不昧"和"富人暗中施舍1/10的收入给穷人"同立为"神会夸奖的三件事"，其共同之处，尽在一个"独"字。犹太人的上帝所赞赏的"慎独"，其实正是犹太民族延存的基本要求。

犹太民族弘扬"慎独精神"，但决不意味着一切以自我为中心，他们决不提倡"独善其身"式的"隐士"，而是教导人们在没外人的监督下能严格要求自己，不做违法、违背道德，不做损害别人和集体利益的人；同时与大众生活在一起，发挥自己的作用，与大众打成一片。

据称，有个拉比，行为高洁，为人亲切而仁慈；对神虔敬，做事谨慎，因此他理所当然成为受人景仰爱戴的人。

过了80岁后的某一天，他的身体突然一下子变得虚弱了，并很快地衰老下去，他知道，自己的死期已经临近，便把所有的弟子叫到床边。

弟子到齐之后，拉比却哭了，弟子十分奇怪，便问道："老师为什么要哭呢？难道您有忘记读书的一天吗？有过因为疏忽而漏教学生的一天吗？有过没有行善的一天吗？您是这个国家中最受尊敬的人，最笃敬神的人也是您；并且您对那像政治一样肮脏的世界从没有插过一次手，照理说老师您没有任何哭的理由才是。"

拉比却说："正是因为像你们说的这样，我才哭啊。我刚刚问了自己：你读书了？你向神祈祷了？你是否行善？你是否做了正当行为？对于这些问题，我都可以做肯定的回答；但当我问自己，你是否参加了一般人的生活时，我却只能回答：没有。所以我才哭了。"

以后的拉比们常用这则故事来劝说一些不在犹太人共同体活动中露面的人，以促使他们一起"参加一般人的生活"。从这里不难看出，这个"一般人的生活"不是指一般意义上的衣食住行，也不是指常人的其他感性生活，而是特指犹太民族的集体生活。

可见，犹太人"从我做起"的这种以自我为基点的人生观念，并不是与集体与别的个体相离异的，犹太人"从我做起"的意义在于提升了自己，却又影响感化了别人，这比单纯地要求别人要强得多。

2. 首先要接受自己的优点

犹太人经常用这样一句话勉励自己，人类最大的弱点就是自贬，亦即廉价出卖自己。这种毛病以数不尽的方式显示。例如，约翰在报上看到一份他喜欢的工作，但是他没有采取行动，因为他想："我的能力恐怕不足，何必自找麻烦！"

几千年来，很多哲学家都忠告我们：要认识自己。但是，大部分的人都把它解释为"仅认识你消极的一面"，大部分的自我评估都包括太多的缺点、错误与无能。认识自己的缺点固然是很好的，可借此谋求改进。但如果只看到自己的消极面，就会陷入混乱，使自己变得没有什么价值。因此，要正确、全面地认识自己，决不要看轻自己。遣词造句就像一部投影机，把你心里的意念活动投射出来，它所显示的图像决定你自己的价值和别人对你的反应。比如，你对一群人说："很遗憾，我们失败了。"他们会看到什么画面呢？他们真会看到"失败"这个字眼所传达的打击、失望和忧伤。但如果你说："我相信这个新计划会成功。"他们就会振奋，准备再次尝试。如果你说："这会花一大笔钱。"人们看到的是钱流出去回不来。反过来说："我们做了很大的投资。"人们就会看到利润滚滚而来，很令人开心的画面。成功的犹太人总结出他们常用的四种自我调节的方法：

（1）用伟大、积极、愉快的语句来描述你的感受。当有人问你："你今天觉得怎么样？"你若回答说："我很疲倦"（或"我头痛"、"但愿今天是周末"、"我感到不怎么好"），别人就会觉得很糟糕。你要练习做到下面这一点，它很简单，却有无比的威力。当有人问："你好吗？"或"你今天觉得怎么样？"你要回答："好极了。谢谢你，你呢？"在每一种时机说你很快活，就会真的感到快活，而且，这会使你更有分量，为你赢得更多的朋友。

（2）用明朗、快活、有利的字眼来描述别人。当你跟别人谈论第三者时，你要用建设性的词句来称赞他，比如，"他真是一个很好的人。"或"他们告诉我他做得很出色。"绝对要小心避免说破坏性的话。因为第三者终究会知道你的批评，结果又反过来打击你。

（3）要用积极的话去鼓励别人，只要有机会，就去称赞人。每个人都渴望被称赞，所以每天都要特意对你的妻子或丈夫说出一些赞美的话。要注意称赞和你一起工作的伙伴。真诚的赞美是成功的工具，要不断使用它。

（4）要用积极的话对别人陈述你的计划。当人们听到类似"这是个好消息，我们遇到了绝佳的机会"的话时，心中自然就会升起希望。但是当他们听到"不管我们喜不喜欢，我们都得做这工作"时，他们的内心就会产生沉闷、厌烦的感觉，他们的行动反应也跟着受影响。所以，要让人看到成功的希望，才能赢得别人的支持。要建立城堡，不要挖掘坟墓；要看到未来的发展，不要只看现状。

犹太人这种自我暗示的方法，会产生巨大的作用。因为你比想象中的还要好，你知道你自己的优点吗？所谓的优点是任何你能运用的才干、能力、技艺与人格特质，这些优点也就是使你能有贡献、能继续成长的要素。但是，大家总觉得说自己的优点是不对的，会显得不太谦虚。其实，自己在某方面确实有优点却去否定它，这种做法既不合人性，也表明你不诚实。肯定自己的优点决不是吹牛，相反，这才是诚实的表现。你有哪些优点？自己清楚吗？你是不是知道自己所有的优点？你能不能说出这些优点？在别人问起他们有什么优点时，他们也许会说："我不知道，不过我想我是有些优点的"；可是在别人问起他们有什么缺点的时候，他们倒会很快地罗列出一大堆。大多数人都被教会了一个观念：讲自己有哪些优点是不对的，讲自己有哪些缺点是绝对应该的。希望你能真正清楚自己有哪些优点，因为要成功就一定得好好地利用你的优点。

举个例子来讲，要是有人说你菜烧得好，也许你会说："哪里，哪里，其实烧得不好。"或者说："这也算不上什么特殊的才能。"可是菜烧得好，绝对是特殊的才能。菜要烧得好需要相当多的条件：要有创造力，时间要掌握得准，还要具备组织能力。菜烧得好对于生活过得愉快与幸福也有很密切的关系。假如有人告诉你："你在电话里很会说话。"你也许会讲："用电话谈话很容易，这没什么了不起。"然而你要知道，有很多人觉得用电话谈话非常困难，因此打电话打得好实在是值得骄傲的优点。当然，发现自己的优点并不容易。

犹太人在商场中奉为圣经的一句名言是，"你千万不要吝于赞美别人，也不要忘记称赞自己。"有些时候，我们难免会害怕表达自己的感受。要是你的家人没有彼此赞赏的习惯，不要灰心，你依然可以去改变这样的情况，一时要改变也许不可能，但只要你耐心地去练习和实践，成功一定会属于你的。

有句话说得好："在别人提起你的优点时，千万别说（也别想）'你还没真正了解我'，请你一定要接受自己的优点。"因此你一定要花些工夫把自己的优点弄清楚，并且持续不断地去发现更多的优点，培养新的优点。不要只用潜能的1/10，常听到别人说："他真是糟蹋自己的才能！"你自己又如何呢？为了使你自己变得更为成熟，你应该持之以恒地去发展自己的优点。因此，你应该抓住机会，从事相当程度的冒险。比如说，你不确定自己能不能打网球，却根本不让自己有机会到球场去，拿起拍子，实地打球，那你怎么知道自己有没有打网球的潜能呢？当然，到球场去有相当的冒险性——能不能打球，到了球场，能就是能，不能就是不能。可是不这样，你怎能发现自己确实有打网球的天分呢？如果说你果真发现自己有打网球的潜能，并且也喜欢打网球，那么你便能开始练习，不久，潜能也就变成你的优点了。你可能变成网球选手，那么你的优点又多了一项。总之，你一定得尽力抓住一切机会开发自己的潜能，这样就能增加你的优点，发挥你的长处。

3. 沿着目标走就能驾驭方向

许许多多的犹太人能集中自己有限的时间和力量去攻克一个目标，成功也就来得比别人大。人生活在这个世界上，当确定了自己的生存目标之后，也就有了行动的力量源泉。在不断求索和不断发展的人生历程中，促使人前进的动力就是来自于对既定目标的追求和向往。

爱因斯坦是犹太民族的骄傲。他一生所取得的成就是世界公认的，他的一生更是典型的为目标奋斗的一生。由于奋斗目标选得准确，爱因斯坦的个人潜能得到了充分的发挥。他在年轻的时候就明白，知识的海洋浩瀚无边，学者不宜在这个海洋里无方向地漂荡，避免耗费自己人生有限的时光，应该选定一个对自己最有利的目标扬帆前进。爱因斯坦善于根据目标需要进行学习，使有限的精力得以充分的利用。他创造了高效率的定向学习法，即找出将自己的知识引导到深处的东西，抛弃使自己头脑负担过重和会把自己诱导偏离要点的一切东西，从而使他集中精力和智慧攻克选定的目标。

犹太人经商，都注重确立人生奋斗目标，先确立目标，然后全力以赴终至成功。犹太人在确立目标时注意切合个人实际和环境，不会把自己的奋斗目标确立在高不可及的位置上。因为人做事时必须要现实地看待问题，目标是我们终生的追求所在。

犹太人认为目标是一种发现，人们往往要经过一番危机才能找到自己的目标。他们通常通过自我反思来得到自己想要的问题答案。

犹太人以经商著称于世，但是世人还应该知道，犹太人为了自己的目标付出的努力，其中的坚韧为常人所不能。从有圣经的时候开始，犹太人就遭受着无尽的苦难，但这也练就了他们坚韧不拔的性格。在犹太人看来，苦难同样是一笔财富，只要一息尚存，只要前进的目标没有迷失，只要指航的灯塔没有熄灭，就永不绝望，因为只有度过黑夜才会有白天，只有经过风雨才会有彩虹。

犹太人经商时，也很明白要为自己的企业确定一个目标。这是一个长期的发展规划。犹太人懂得，只有有了目标后才会成功，目标是对于所期望成就事业的真正决心。目标比幻想好得多，因为它可以实现。

没有目标不可能发生任何事，也不可能采取任何步骤。如果企业没有目标，就只能在事业的旅途上徘徊，永远到不了任何地方。犹太人把经商比成精心算计自己的人生，这个过程其实就是一场旅行，如果没有地图，也没有目标、计划和时间表，就会迷路。另一方面，如果有一个经过慎重考虑、现实而且明确的目标，就会更容易到达彼岸。目标的作用不仅是界定追求的最终结果，它在整个领导生涯中都起到积极作用，目标是成功路上的里程碑。精明的犹太人认为它具有极大的作用。

目标使经商的企业领导者产生积极性。犹太人认为，人一旦给自己定下目标之后，目标就开始起作用，它是努力的依据，也是对你的鞭策。对一个商人来说，有一点很重要，你的目标必须是具体的、可以实现的。如果计划不具体，无法衡量是否实现了，那么就会降低你的积极性。因为向目标迈进是动力的源泉。

目标使商人看清楚自己的使命，目标给你一个看得见的射击靶。随着这些目标的实现，你就会有成就感，对许多领导者来说，制定和实现目标就像一场比赛，随着时间的推移，你实现一个又一个目标，这时你的思维模式和工作方式又会渐渐改变。

目标有利于避免成为琐事的奴隶。犹太人是个精明的民族，他们认为人的一生中有太多琐事纠缠，人应该过得轻松一些，只管看准目标向前迈进。而确定了目标，就可以让人们知道事情的轻重缓急。没有这些目标的话，就会很轻易地陷入到日常事务中。

目标让犹太商人发挥更大的潜能。没有目标的商人是可悲的。他们虽然有巨大的力量与潜能，但他们往往把精力放在小事上而忘记了自己本来应该做什么。具体地说，要发挥潜能，你必须全神贯注于自己有优势并且会有高回报的方面。目标能帮助你集中精力，另外，当你不停地在自己有优势的方面努力时，这些优势会进一步发展。最终，在达到目标时，你自己成为什么样的人比你得到什么东西更重要。目标也可以使商人更好地把握住现在，他们在现实中通过努力实现自己的目标。虽然目标是朝着将来前进的，是有待将来实现的，但目标能把握住现在。为什么呢？因为这样能把较大的任务看成是一连串小任务和小步骤组成的。所以，如果你集中精力去做当前手上的工作，心中明白自己现在的种种努力都是为将来的目标铺路，那就容易成功了。

在现实生活中，常可以看到一些商人甚至企业领导埋头苦干，却不知所为何来，到头来发现追求成功的阶梯搭错了地方，但为时已晚。犹太人在这点上比常人做得要好的多。因为他们认为，作为企业领导者的商人，只要掌握好真正的方向就可以了。而一个没有目标的领导者就像一艘没有舵的船，永远漂流不定，只会到达失望和丧气的海滩。

目标是伟大的，是值得人的一生都为之奋斗不息的。但是，针对单纯的目标，犹太人还有自己的真经，这就是要求设定目标时要做到以下几点：

（1）目标要是长期的。一个商人如果没有长期的目标，就可能会被短期的各种挫折击倒。理由很简单，没有人能像你一样关心你的成功。你可能偶尔觉得有人阻碍你的道路，故意阻止你进步，但实际上阻碍你进步最大的人就是你自己。其他人可以使你停止，而你自己是唯一能让你永远做下去的人。如果一个人没有长期的目标，暂时的阻碍可能构成无法避免的挫折。但如果有了长期的目标，你则可以做大。一次挫折可以是进步的踏脚石，而不会是绊脚石。一般来说，伟大与接近伟大的差异就是领悟到如果你期望伟大，你就必须每天朝着目标去工作。

（2）目标必须是特定的。一个商人不管具有多少能力或才华，如果不知如何管理它，将它聚焦在特定的目标上，并且一直保持在那里，那么他将永远无法取得成就。那个猎到几只鸟的猎人并不是向鸟群射击，而是每次选定一只作为特定的目标。

犹太人正是因为能够以目标引导自己、规范自己，他们也就能够驾驭自己。

4. 能宽容别人也就拥有了自由的心灵

犹太人告诫我们应该理智地掌握环境，不要太感情用事。注意到商场和生活中的极度相似，才能在商战中屹立不倒。达到这种精神境界没有明确的方式可循，只有随时去做。这么做之后，你会慢慢发现有很多方法可以增加你了解别人的能力。下面是犹太人提出的方法，指导你开始走向这个方向。

包容的心。简单地说，就是忍受别人不合理的行为和各种不顺心的情况。世界公认犹太人是最值得相处的商业伙伴，因为犹太人不会将自己偶尔的情绪波动迁怒到相互的合作上，而是在相互合作中学习欣赏对方并接受不同的生活方式、态度、文化、种族、年龄和长相。很明显这是了解别人应持的态度。

人类之所以彼此需要，就是因为他们的差异。人类必须随时了解这一点。不要再让不同的国籍、不同的宗教信仰、家庭之间的差异和朋友间的分歧，成为困扰我们互相争执的原因。

不要等别人去做，你现在就面对现实，每个人都有其特异之处，世界上绝对没有两个人是完全一样的。

多注意别人好的一面，不要老挑剔别人不好的一面。包容的心，简单地说，就是接受别人原来的样子。富有包容心的人，能多看到别人的优点，很少看到别人的缺点。对别人的评估，正面价值多于负面价值，鼓励多于责难。然而奇怪的是，愈来愈多的人总是期望别人从不犯罪，他们在心里将自己的雇员或朋友，塑造成理想的完美形象。因此只要雇员或朋友犯错或行为不理想，那么他们心中那个"完美的形象"就粉碎了，他们就一定会生气和失望。开始彼此互相猜忌，自我意识强烈，不为对方着想，互相挑毛病，渐渐摧毁了他们的未来。

出色的犹太商人总是试着去接受别人原来的样子，不勉强他们扮演自己心目中的完美角色。

有的人特别喜欢强调和注意别人性格上的缺陷。他们似乎以找出别人的错误为乐趣，并以此达到自我满足的心理，这种心态常常表现在商业伙伴相互拆台上。然而这种寻找乐趣的方式代价太高，因为这会渐渐抹煞一个人的包容心。犹太人注重学习注意别人的优点，几个犹太商人聚在一起总是相互欣赏对方，他们总是结合成一个强大的、对外一致的联盟。你要随时记住这一点：如果你能够看到别人的好处，你就不需要处处拘泥于容忍别人，自然便能达到那个境界！努力培养容忍的心，你就是有福的人。你会快乐，更接近真实的自我，而且也能够享受更加丰富而美好的人际关系，从而让你更好地发挥你的潜能。相反地，缺乏容忍度的人会感到痛苦，甚至会闷出病来。这些道理你都懂，但是也许你并不能完全了解，没有包容心在你心理上所造成的影响有多大。当你怒火中烧、对别人发脾气时，你已经对这个人失去包容的心。这时你的血液循环和心跳都会加速，比正常情况下快3至4倍！当你日子过得"很顺利"时，也就是你的态度乐观积极、有朝气时，你会觉得每天都很舒畅、有活力。相反，当你失望沮丧、怨天尤人时，也就是你和别人发生摩擦时，你便觉得自己在心理上和生理上都大不如前，每天都很疲惫。

试着学习对别人让步，并收敛自己不安的情绪，那么你就能节省很多精神。

犹太人的包容还表现在他们处世时能够做到对事不对人。一个温暖的春天夜晚，在美国东海岸的一个城市里，有位年轻的犹太学生走出公寓去寄一封信。当他从邮筒走回去时，被11个不良少年围起来，拳打脚踢狠狠揍了一顿，不幸的是救护车来到之前，他就断气了。两天之内，警察将这11个不良少年一一逮捕。社会大众都要求严惩他们，报纸上也呼吁采取最严厉的惩罚措施。后来这位死者的家长寄来一封信，要求尽可能减轻这些少年的罪行，并设立一笔基金，作为这群孩子出狱重新生活以及社会辅导的费用。他不愿仇恨这些少年。无疑地，他内心经过相当激烈的挣扎，而且需要有相当坚强的意志，才能够不恨这些不懂事的孩子。他只恨控制这些孩子内心的病态性格。他希望让这些孩子从残暴、粗鲁、仇恨、病态的虐待性格中重生，甚至还提供金钱来帮助这一群孩子。他恨的是这件事，而不是个别人。这就是犹太人心目中的宽容，于人于己同一种标准，宽己同样能够宽人。了解别人，并不是指容忍所有错误的行为及不正常的性格。如果你能够学习"针对事情而不要做人身攻击"，那么你会发现培养了解的态度容易多了，对你身心的收益也是无穷的。

中篇 处世智慧：
独到的做事准则决定了不一样的成事途径

犹太人的做事方式给人一种特立独行的感觉，他们做事极富效率。这首先基于犹太人看问题时独到的角度和眼光，千百年来的做事准则规范着他们的处世方式，能让他们看问题直指核心，做事情善走捷径。

第一章　把逆境看做生活中不可缺少的磨炼

就一个人来说，判断他是否能有所作为不能只看其顺境时的志得意满，相反，面对逆境时的作为才能准确反映出他的人生态度和抗击打的能力，而正是这种态度和能力决定了其人生境界的高低。犹太人的成功不能不说与其视逆境为人生磨炼的态度大有关系。

1. 人必须透过黑暗才能看到光明

犹太人不是指一个特定的人种，而是指所有信奉犹太教的人。在以色列，有白皮肤的犹太人，也有黑皮肤的犹太人，南也门犹太人是黑皮肤，而欧洲犹太人则是白皮肤的，他们的生活习惯也不尽相同，但他们的共同点就在于信仰相同，均信奉犹太教。犹太教有一种叫"加路特"和"苛拉"的信仰观念。"加路特"意即放逐、苦行、赎罪；而"苛拉"意为从放逐中得到解救并赐予幸福。犹太人坚信，只要他们始终如一地相信上帝，不管受到怎样的苦难和流亡，最终他们都会得到幸福，回到上帝赐予的"应许之地"。正是这种"加路特"和"苛拉"的信仰观念，加上自认为是上帝"特选子民"的教义，使长期处于屈辱逆境中，历经战乱杀戮的犹太民族获得了永不枯竭的精神动力。虽历经沧桑却依然顽强生存，纵饱受苦难也决不绝望灰心，他们永远保持着坚韧的忍耐力和持久的积极进取精神。

德国纳粹占领东欧的时候，对犹太人极其残暴，意欲把他们赶尽杀绝。有个犹太家庭，全家4口躲在一间仓库的小阁楼上，全靠朋友接济度日。

每当纳粹巡逻队或不怀好意的市民走进仓库，他们全家人都得屏声敛气，一点声音都不敢弄出来。时间一长，他们学会了比手划脚，完全以动作来交换思想、传达感情。

为了生存，父母要轮流外出寻找食物和水。

3个月后的一天，母亲外出觅食未归，关心他们的市民说："你们的母亲被德国兵抓住了。"半年后，父亲刚出门不久，两个孩子就听到一声枪响……

两个大人相继死后，寻找食物的重担就落在了姐姐的肩上。每当仓库附近有风吹草动，姐姐就掩住弟弟的嘴巴。姐弟俩相依为命，度过了一个多月的艰难时光。后来姐姐出去之后就再也没有回来了。从此以后，凡听到异样的声响，弟弟只有掩住嘴巴，不让自己发出声来。

世界上有许多犹太人就是这样生存下来的。他们永不绝望，只要一息尚存，就要为希望而忍耐。

犹太人认为彩虹是希望的象征，每经历一场暴风雨后，天空便架起桥一般美丽的彩虹。犹太人相信黑暗过后必是光明，这是他们存活下来的信念。

而反观世界上有些民族的人，却显得脆弱不堪一击。鸡毛蒜皮的小事，也使其陷入绝境。恋爱失败、高考落第便去自杀，实在是自暴自弃的做法。学术不被承认、工作得不到领导赏识便灰心丧气，消极悲观。

犹太人说，人的眼睛是由黑白两部分组成的，但为什么只让其透过黑的部分看到东西？答案是因为人必须透过黑暗才能看到光明。

这就是人类忍耐力和承受力的基础。

中国的孟子曾说过："天将降大任于是人也，必先苦其心志，劳其筋骨，饿其体肤，空乏其身，行拂乱其所为，所以动心忍性，增益其所不能。"孟子的意思是说：如果上天要让某人做大事、成就大业的话，就一定要让他经历一番苦难，比如贫穷、困厄、劳苦等，目的是以此来锻炼他坚韧不拔的毅力和忍耐力，增强他对未来、对前途的希望和进取心。对于大多数成就大业的犹太人而言，苦难都是他们挥之不去的记忆，而正是这种苦难的经历造就了他们日后的成功与辉煌。在无数艰难困苦的时刻，他们怀抱希望，积极进取，决不气馁，于是终于有一天，他们成功了，走到了世界经济舞台的前台。

　　罗斯柴尔德家族金融帝国的创始人——迈耶·罗斯柴尔德从小就生活在歧视和敌意之下。可以想象，在一浪高过一浪的反犹浪潮下，他们的日子有多么艰难。当他继承父业经营古旧钱币时，并没有人对这种古旧玩意儿感兴趣，但他没有心灰意冷，他相信凭着自己的执著就一定能赢得机会。他苦心经营，更苦心钻研"古旧钱币学"。后来，他有机会同一位贵族将军交易，尽管此人傲慢无礼，目中无人，但最终还是被迈耶的博学和幽默所感染。从此以后，迈耶开启了他成功事业的大门。不过，在他的前半生中，他只算是一个小有名气的钱币商，这显然填不饱他的胃口。但他不急不躁，平静地等待着，暗暗地集聚着力量。他为比海姆公爵服务了20年，对于心怀大志、想出人头地的迈耶而言，在别人的手下做事显然有违自己的性格，但他忍耐着。法国大革命的爆发促成了欧洲军火和金融市场的空前活跃，于是迈耶终于有了大展身手的机会。他非常活跃地从事着军火和金融交易，苦苦修炼了20年，巨龙终于从黑暗、寒冷的海底一跃而起，挟疾风劲雨之势，掀起了翻江倒海的波澜，并最终成为欧洲金融帝国的掌门人。

　　迈耶的生活历程向我们暗示了一个道理，苦难并不可怕，只要我们坚韧不拔，怀抱希望，积极进取，漫长的苦难与忍耐之后，就是光明的曙光显现之时。

2. 不怕失败才能征服失败

犹太人做生意虽然精明，但也不能保证100%的成功率。他们的成功秘诀除了那一套生意经，还有就是依靠一股不怕失败、永不服输的精神。

罗森沃德是美国最大的百货公司西尔斯—娄巴克公司的最大股东，他也是美国20世纪商界的风云人物。然而，这个做服装生意起家的富翁却也经历了许多创业时的失败与艰辛。

罗森沃德1862年出生在德国的一个犹太人家庭，少年时随家人移居美国，定居在伊利诺伊州斯普林菲尔德市。

罗森沃德的家境不大好，为了维持生活，中学毕业后，他就到纽约的服装店当跑腿，做些杂工。罗森沃德从幼年时就受犹太人教育的影响，具有艰苦奋斗的精神。他确信凡人皆有出头之日，一个人只要选定了目标，然后坚持不懈地往目标迈进，百折不挠，胜利就一定会酬报有心人的。罗森沃德本着这种精神，十分卖力地赚了几百块钱。

"我要当一个服装老板。"这是罗森沃德的奋斗目标。为了实现这个目标，他除了在工作中留心学习和注意动态外，把全部的业余时间都用于学习商业知识，找有关的书刊阅读。到1884年，他自认为有些经验和小小的本金了，决定自己开设服装店。可是，他的商店门可罗雀，生意不佳，经营了一年多，把多年辛苦积蓄的一点点血汗钱全部赔光了，商店只好关门，罗森沃德垂头丧气地离开纽约，回伊利诺伊州去了。

痛定思痛，罗森沃德反复思考自己失败的原因。最后，他找出了原因：服装是人们的生活必需品，但又是一种装饰品，它既要实用，又要新颖，这才能满足各种用户的需求。而自己经营的服装店，没有自己的特色，也没有任何新意，再加上自己的商店尚未建立起商誉，没有销售渠道，是注定要失败的。针对自己出师不利的原因，罗森沃德决心改进，他毫不气馁，继续学习和研究服装的经营办法。他一边到服装设计学校去学习，一边进行服装市场考察，特别是对世界各国时装进行专门研究。一年后，他对服装设计很有心得，对市场行情也看得较为清楚。于是，他决定重振旗鼓，向朋友借来几百美元，先在芝加哥开设一间只有10多平方米的服装加工店，他的服装店除了展出他亲自设计的新款服装图样外，还可以根据顾客的需求对已定型的款式加以改进，甚至完全按照顾客的口述要求重新设计。因为他的服装设计款式多，新颖精美，再加上其经营灵活，很快博得了客户的欣赏，生意十分兴旺。两年后，他把自己的服装加工店扩大了数十倍，改为服装公司，大批量生产各种时装。从此以后，他财源广进，名声鹊起。

在人生中，失败时常发生，失败了也别悲观，因为失败并不意味着没有希望，相反"失败"是成功之母，活用失败与错误，是自我教育和提高的有效途径。商场如战场，成功的背后可能有更多的失败和辛酸。作为商人，面对失败，就应该像爱迪生那样坦然面对而决不气馁。爱迪生一生有1000多项科技发明，当有人问他经过许多试验而失败时是否会感到心灰意冷，他回答说："不，我抛弃了错误的试验，重新采取别的方法，决不沮丧！"的确，面对失败，一定要记住决不气馁！按现代管理学的概括就是：失败就是我们学习曲线和经验曲线的自变量，只有经历失败，才会吸取教训和积累经验，为下一次成功做准备。

3. 什么情况下都对未来充满希望

或许再没有哪一个民族像犹太民族一样，经历过那么多不幸，经历过那么多压迫和杀戮。犹太人四处流浪，他们从血腥的屠杀中挣脱出来，他们从险象环生的黑暗丛林中突围出来，他们在无尽的偏见和仇视中默默地抗争着、奋斗着。面对不幸与欺辱，他们从未被击倒，身临困厄与逆境，他们从不畏缩和气馁；他们坚信自己是上帝的"特选子民"，只要自己不失去信念，不停止奋斗就最终会取得胜利；他们把逆境和打击看做检验自己信念与意志的机会，也把它们看成是下一次成功的垫脚石。他们已经历了太多的不幸与风浪，习惯了不如意之事十之八九的人生，深知世上决不会一帆风顺。犹太人认为：人生就是一个挣扎与奋斗的过程，只受过一次打击就一蹶不振的人才是真正失败的人，而只要敢于从失败中重新认识自己，吸取经验和教训，就可以到达新的起点，最终取得成功。我们周围充满着困难与障碍，也充满着希望与绝望，我们要做的就是坚定信念，培植希望。《塔木德》上记载着这样一个故事：

有3只青蛙掉进了鲜奶桶中，第一只青蛙说："这是神的意志。"于是盘起后腿，一动不动，静静地等待着。

第二只青蛙说："这桶太深，没有希望出去了。"于是绝望地慢慢死去。

第三只青蛙说："糟糕，怎么掉到鲜奶桶里了，但只要我的后腿还能动，我就要奋力向上跳。"

这只青蛙一边划一边跳，慢慢地，青蛙的后腿碰到了硬硬的东西，于是它奋力一跃，跳出了奶桶。原来，鲜奶在它的搅拌下渐渐变成了奶油。

第一只青蛙相信宿命，第二只青蛙毫无信念可言，第三只青蛙坚守信念，顽强努力，充满希望，这便是犹太人的写照。

犹太人顽强而坚韧的精神意志和挑战风险、永不气馁的进取意识，恰恰构成了犹太人成功的又一重要精神积蕴，从而使他们在充满竞争的世界舞台上纵横捭阖、卓尔不群。犹太人不但敢于冒险，更能在逆境当中从容镇定、自由应付。他们不怕风险，更善于在风险中施展自己的智慧和生存技巧。他们面对失败，决不气馁，而是吸取教训，重新再来。

4. 时刻具有危机意识

人们评价犹太人的危机感及忧患意识时说:"每当幸运来临的时候,犹太人总是最后感知;而每当灾难来临的时候,犹太人总是最先感知。"

任何一个犹太人都知道他们是输不起的,他们只能成功。因为,失败了,就意味着灭亡和永远没有机会再来,因而,他们都异常地努力。很多犹太人就是在处于别人看起来根本就不可能东山再起的绝境时,取得了成就。查看犹太名人的少年经历就会发现,在10个犹太名人里面,有八九个是从小在苦难、坎坷中长大的。犹太人的这种逆境成功的精神,永远为世人所敬佩。

有这样一个科学实验:

科学家烧开一锅油,把一只青蛙放在滚热的油锅旁边,那只青蛙在快到油面的时候,竟然跳离了油锅。然而,把这只青蛙放进注满水的锅里,下面放火去煮,这只青蛙开始还觉得温热,后来水越来越热,它却不愿意离开锅里,最后被开水煮死。

犹太人就像那只快触到油锅的青蛙,他们时刻充满了危机意识,在任何情况下都保持着警惕。许多犹太人的一生经历了许多痛苦和磨难,因此,当他们有了安定的生活的时候,他们是决不会忘记曾经受过的苦难的。在他们的心里,时刻充满了警惕,目的就是不让自己忘记过去。

一天,犹太教士胡里奥在河边遇见了忧郁的年轻人费列姆。

费列姆唉声叹气,愁眉苦脸。

"孩子,你为何如此郁郁不乐呢?"胡里奥关切地问。

费列姆看了一眼胡里奥,叹了口气:"我是一个名副其实的穷光蛋。我没有房子,没有工作,没有收入,整天饥一顿饱一顿地度日。像我这样一无所有的人,怎么能高兴得起来呢?"

"傻孩子,"胡里奥笑道,"其实,你应该开怀大笑才对!"

"开怀大笑？为什么？"费列姆不解地问。

"因为你其实是一个百万富翁呢！"胡里奥有点诡秘地说。

"百万富翁？你别拿我这穷光蛋寻开心了。"费列姆不高兴了，转身欲走。

"我怎敢拿你寻开心？孩子，现在能回答我几个问题吗？"

"什么问题？"费列姆有点好奇。

"假如现在我出20万金币买走你的健康，你愿意吗？"

"不愿意。"费列姆摇摇头。

"假如现在我再出20万金币买走你的青春，让你从此变成一个小老头，你愿意吗？"

"当然不愿意！"费列姆干脆地回答。

"假如我现在出20万金币买走你的美貌，让你从此变成一个丑八怪，你可愿意？"

"不愿意！当然不愿意！"费列姆的头摇得像个拨浪鼓。

"假如我再出20万金币买走你的智慧，让你从此浑浑噩噩地度过一生，你可愿意？"

"傻瓜才愿意！"费列姆一扭头，又想走开。

"别慌，请回答完我最后一个问题——假如现在我再出20万金币，让你去杀人放火，让你从此失去良心，你可愿意？"

"天哪！干这种缺德事，魔鬼才愿意！"费列姆愤愤地回答道。

"好了，刚才我已经开价100万金币了，仍然买不走你身上的任何东西，你说你不是百万富翁，又是什么？"胡里奥微笑着问。

费列姆恍然大悟。他谢过胡里奥的指点，向远方走去……从此，他不再叹息，不再忧郁，微笑着寻找他的新生活去了。

这就是犹太人，他们坚信可以凭借自身的实力来获得财富，改变自己的命运，外在的条件都是可以改变的。

一个人不可能一辈子一帆风顺，相反却会遭遇到许许多多的不幸、挫折和失败，所谓"人生不如意十有八九"，那么，面对失败，该怎么办？应该像犹太人那样去探索未知的领域，去挖掘自我潜能的极限。但是，如果冒险失败怎么办？很简单，像犹太人那样从失败中学习，再重新开始，失败挫折并不可怕，可怕的是从此一蹶不振。只要善于吸取教训、总结经验，终将到达成功的彼岸。当然，失败的滋味是很不好受的，但痛苦之余，不要忘了从正面透视失败，彻底探索导致失败的因果关系及其暗藏的意义，从失败中学到的东西是无可比拟的宝贵财富。不妨这样说，只会一味品尝失败记忆的人实际上尚未成熟，只有坦然面对失败的人才是真正成熟的人。

犹太人在逆境中善于运用他们自己的智慧来改变命运，我们来看下面这个例子。

一对犹太父子在外经过多年的奋斗，终于挣了一大笔钱。他们把钱换成一些珍贵的珠宝、古董、字画，因为他们知道把这些运回家乡又可以挣一笔钱。他们小心翼翼地把这些贵重物品用箱子装好，并包租一艘船从海上回家。

但是，不幸的是，海员们发现了这些珍宝，并且密谋要抢劫和杀害这对犹太父子。得到消息后的父亲和儿子很紧张，考虑如何脱身，可是茫茫大海，海员们又人多势众，怎么办呢？

于是，父亲大骂儿子："你如此不孝顺，我这么辛苦为了什么？"说着，他打开箱子把珠宝、古董、字画通通丢到大海中。海员们看得目瞪口呆，但为时已晚，只能眼睁睁地看着珍宝葬身大海。于是海员们不得不放弃罪恶的计划，把犹太父子送到了目的地。

一上岸，犹太父子就把海员们告上法庭。法官认为一个人只有在生命受到侵害时，才会抛弃自己的财富，于是认定海员们有罪，判决海员们归还价值相等的金币给犹太父子。

从这个故事可以看出，犹太人面对危机却不慌张，他们善于从危机中寻找到希望，战胜一切困难，从而保护自己的利益。

第二章　不一样的思路开创不一样的出路

犹太人思路开阔，能够想人所不敢想、不能想，从而独辟蹊径，找到解决问题的新路子。这一点在他们最为擅长的经商上表现得最为淋漓尽致。善于逆向思维让他们从不拘一格的思路中收获了财富、收获了成功。

1. 只做需要自己认真思考的事情

善于思考的人，他的思维是全面的，在别人说一的时候，他想到的应该是二。有些人就是靠这样多想几个问题成功的。犹太人善于思考，因此他们在商业上才会有如此突出的成就。如果我们生搬硬套他们的挣钱之道，而自己不去思考，一定会像下面这则笑话里的法国人一样可笑。

有一次，两个法国人和两个犹太人搭火车旅行。法国人很单纯，每人买了一张票；而犹太人精打细算，两个人只买了一张票。法国人见到这种情形，就问犹太人："你们只有一张票，那列车长来查票时，你们怎么办？"犹太人神秘地笑而不答。

上了火车不久，便传来列车长查票的声音，只见两个犹太人挤进一间厕所。列车长查票，来到他们的车厢，敲了敲厕所的门，说："车票看一下！"门开了一条缝，一只手拿着一张票伸出来。列车长怎么也想不到一间厕所内竟会躲着两个人。他看过了票，说道："嗯，好了，谢谢!"又把票从门缝中塞了回去。

到了目的地,他们4个人玩得很尽兴。踏上归途买票时,两个法国人心想:"早上来时,犹太人的方法真不错……"于是他们经过讨论后,决定也买一张票。轮到犹太人时,只见他们摇摇头,说这次就不买票了。

上了火车,两个法国人期待着：不知道犹太人又有什么好方法。说时迟,那时快,列车长又来查票了。法国人顾不得观看犹太人的新招数,两个人赶紧钻进了厕所。又是"咚咚"两声,犹太人敲了敲厕所的门,门应声而开,一只手拿着一张票,从门缝中伸出来。犹太人说道:"嗯,谢谢!"

两个犹太人拿了票,立刻往前一节车厢的厕所奔去。

法国人本想学犹太人的做法省点钱,没想到丢了一张票。这个笑话告诉我们,对任何事情都要独立思考,不思考就会犯错误。而反过来犹太人却很善于思考,回来时甚至连一张票都省掉了,在法国人想到一时,犹太人早就想到了二。

犹太人在法庭上是这样规定的：如果所有的法官都一致判定某个人犯罪,那么这个判决是无效的。因为都是一样的观点,说明这个案子大家都只看到了一个方面,而忽略了另一个重要的方面,因而大家的观点都是片面的,不具有客观性。如果一部分法官认为是有罪的,而另一部分法官认为是无罪的,那么这个判决就被认为是客观的,是有效的判决,因为有不同的观点出来,证明大家是从各个角度看问题的,是比较全面、客观的评价。

同样,在作证的时候,至少必须有3个证人出具证明才可以证明这个人是否有罪。因为这3个证人是从不同的角度来阐述这个人的犯罪情况,因而他们的意见可以采纳。

善于思考,专心自己的事情,把时间用在你真正需要用的地方,因为衡量人的工作价值不是看你劳动的多少,而是看你付出的实际有效劳动创造的成果有多少。

《塔木德》上记载了这样一个小寓言:

一只蜜蜂和一只苍蝇同时掉进了一个瓶子,在这个瓶子的瓶口处有一个小口。

蜜蜂整日在瓶子的底部转来转去,它每日充满希望地、一刻不停地咬啊叮啊,它想只要自己叮破这个瓶子,就可以出去了。结果,3天之后,它死在了瓶子里面。

而苍蝇呢,它在瓶子里转了几圈后,发现四周都很坚固,于是就想最好能够找到一个出口,这样才能够逃生。想到这里它就四面八方地寻找出路,结果就意外地发现那里有一个口子,很快便飞了出去。

这个小寓言告诉人们,遇到事情之后不要盲目地行动,一定要先动脑筋,准确地找到奋斗的方向,把主要的精力放在寻找解决问题的突破口上。反之,像蜜蜂一样不停地埋头苦干,虽然极为勤奋,也是徒劳无功,枉费心机。

这也就是为什么许多人终生劳碌却一无所获,而有些人不甚忙碌却颇为富有,甚至是不劳而获。后者看似清闲,却把全部的精力放在了他们真正应该投入的地方,放到思考上面了,他们明白应该在什么地方投入精力,而在有些事情上根本不需要投入精力。前者看似终日奔忙,但是他们却不动脑筋,不知道自己真正应该做的是什么。他们的原则是:这是工作,就要完成。至于为何要完成这些工作,怎样才能完成这些工作,他们全然不知。在这些问题面前,他们变得糊里糊涂。他们一心想的是快干、快干、再快些。这样,大量的精力被放在了一些不重要的事情上,以致错过了干重要事情的机会,因小失大。

华尔街聚集了为数众多的投资者,是世界上最为精明的投资者所争夺的宝地。许多投资者每天都要紧盯着电脑看行情的报价,不放过任何一个可以看到的有关市场分析、评论的文章，因为他们明白，错过任何一条有价值的信息，就可能失去一次绝好的发财机会。因此，他们整天都待在自己的办公室里，紧张地研究和分析各种可能的情况。回家之后，还在不停地思考和预测未来的变化。仅在办公室里，他们每周都至少工作80个小时以上，然而，事与愿违，他们的投资大多都以亏本告终。

与此同时，著名的金融家摩根也在这条街上。不过他与众多的投资者不同，人们看到他大多数时间或者是在休假，或者是在娱乐，每周工作的时间不到30小时。人们大为不解，就问他为何经常玩乐还轻松地赚到了那么多钱。他回答说："那其实是工作的一部分。只有远离市场，认真思考，才能更加清楚地看透市场。那些每天都守在市场的人，最终会被市场中出现的每一个细节所左右，也就失去了自己的方向，被市场给愚弄了。"

摩根赚钱的轻松方法，是很值得人们思考的。正如他自己所说的那样，一味艰苦地工作，往往看不清市场的本来面目，被市场所愚弄，当然赚不到钱了。而摩根在玩乐中，超然于纷繁复杂的市场之外，能够极为冷静地判断目前的市场走势，透过光怪陆离的表面看清楚目前的问题所在，这才是摩根的过人之处。拼命地工作，盲目地跟随，结果肯定是输得一塌糊涂。

著名的犹太企业家吉威特经营多处餐馆，又承包了大量的工程，还创办了报纸，他一个人是怎样兼顾这些的呢？

原来，对于报社的经营，他完全委托给负责者，自己并不亲自参与，但对业绩却丝毫不放松。他让责任人定期向自己汇报最近的业绩情况，如果情况不好，就让他们拿出解决的方案，他只看最后的结果就可以了。

对于建筑工程也是一样，他向工程的负责人指示：只要不发生错误，他从不干涉。他认为对经营者来说，这是一种应该遵循的原则：只指出做法，然后把一切托付给实际负责人，用人不疑，疑人不用。这样才能使得各项事业皆能顺利发展。

这就是吉威特的过人之处，也是经营者应该遵循的原则。

"有些事情何必自己去干呢，你只需要干自己必须去干的事情，其他的事情交给别人去干好了。一个人倘若事必躬亲，不论其才干多么高超，也难以兼顾。"洛克菲勒说，"我永远信奉干活越少、赚钱越多的真理。你只需做那些需要自己认真思考的事情，这才是你的任务。"

2．变薄利多销为厚利适销

在很多商人的观念中，薄利多销好像永远不变的定律似的。古时候的商业史是这样，现代的商业同样也是如此。到商店或市场随便走走，与商人们稍做交谈，或是你在购买商品时常听商人们又像抱怨，又似骄傲地说："我们这可是薄利多销呀！赚不了多少钱！"你一定会认为这个商人很能干，精通商法，而又谦虚，怀财不露。

可是，这种销售商品的观点在犹太人看来，是十分愚蠢而不可理解的。他们一定会为事业辛辛苦苦地经营，多销当然是好事，但是在薄利的条件下，能赚多少钱呢？为什么不"厚利多销"呢？

我们时常看到商业界往往假借某种名义如季节、节日、迁址等举行大拍卖，同业界互相竞争，害怕对方的价格比自己的低，而把标价持续不断地降低，成为市场上的"削价大拍卖"，自以为得计，以"薄利多销"来自我陶醉。实际上，这种"内讧"使他们失去了大部分该得的利润。

这种做法，犹太人是绝对不赞同的，他们认为这种举动极其愚蠢。这种"薄利多销"的做法，无异于把绳子往自己的脖子上套，越套越紧，结果是动弹不得而咽气。事实上，有很多公司、工厂、商店，为了"薄利多销"而两败俱伤。此种做法，可以说是冲向死亡的赛跑，看谁先跑到死亡终点。

犹太人的商法里，没有"薄利多销"这个词，他们主张的是"厚利多销"，他们就是根据厚利多销赚大钱的。正因为这样，他们很少采取削价法来推销商品。他们之间，也不会出现竞相压价的现象。

犹太商人认为进行薄利竞争，就如同把脖子套上绞索，愚蠢至极。这又如"死亡赛跑"，是从在暴力政府压制下商人被迫低价出售自己东西的做法演变而来的。他们还认为，同行之间开展薄利多销的竞争，总希望以比其他竞争者更低的价格售出更多的商品，这种心情是可以理解的。但考虑低价销售前，为何不考虑多获一点利呢？如果大家都相互以低价促销，厂商哪能维持长久的经营？何况市场是有限的，消费者已买够了，商品价格再低也很少有人要了。

犹太商人对"薄利多销"的营销策略持相反的态度。他们认为，在灵活多变的营销策略中，应采取上策而不要采用下下策。卖3件商品所得的利润只等于卖出一件商品的利润，这是下下策；经营出售一件商品获得贱卖3件商品的利润，这是上策。这样，既可省下各种经营费用，还可保持市场的稳定性，并很快可以按高价卖出另外两件商品。而以低价一下卖了3件商品，市场饱和了，你想多销也无人问津了。

犹太商人在经营活动中除了坚持厚利适销的做法外，为了避免其他商人"薄利多销"的冲击，他们宁愿经营昂贵的消费品，也不经营低价的商品。为此，世界上经营珠宝、钻石等首饰的商人中，以犹太人居多。犹太商人之所以多选择这个行业，显然是希望避开那些薄利多销的竞争者，因为这些竞争者一般没有资本或力量经营首饰类资本密集型商品。

犹太商人的"厚利适销"营销策略，以有钱人为着眼点。名贵的珠宝、钻石、金饰，一掷千金，只有富裕者才买得起。既然是富裕者，他们付得起，又讲究身份，对价格就不会那么计较。相反，如果商品定价过低，反而会使他们产生怀疑。俗语说"便宜无好货"，对于这句话，富有者印象最深。犹太商人就是抓住消费者的这种心理，开展厚利策略经营的。他们即使经营非珠宝、非钻石首饰商品，也是以高价厚利策略营销，如美国最大的百货公司之一——梅西百货公司出售的日用百货品总比其他一般商店同类商品价高50%，但它的生意仍比别的公司要好。

犹太商人的高价厚利营销策略，表面上从富有者着眼，事实上是一种巧妙的生意经。讲究身份、崇尚富有的心理在西方社会乃至东方社会中，比比皆是。在富贵阶层流行的东西，很快就会在中下层社会流行起来。据犹太人统计和分析，在富有阶层流行的商品，一般两年时间左右就会在中下层社会流行开来。道理很简单，介于富裕阶层与下层社会之间的中等收入人士，总想进入富裕阶层，为了满足心理的需求或出于面子原因，总要向富裕者看齐。为此，他们也购买时髦的高贵商品。而下层社会的人士，往往力不从心，价格昂贵的产品消费不起，但崇尚财富的心理作用总会驱使一些爱慕富贵的人行动，他们也不惜代价而购买。这样的连锁反应，使昂贵的商品也成为社会流行品，如金银、珠宝、首饰现在不是成为各阶层妇女的宠爱之物吗？彩电、音响这些原来的高档产品，现在也进入了平民百姓家庭；小轿车也成为广大群众的必需品。可见，犹太商人的"厚利适销"策略也是紧盯着全社会的大市场的。

以现代经营的理念来看，犹太人的"厚利适销"其实是一个产品定位的问题，在选择目标顾客时，你可以选择低端的市场，也可以选择高端的市场。"厚利适销"定价策略，是营销学中定价策略的一种。在营销学中一般有五种定价策略：（1）撇脂定价策略。这是一种以高于成本很多的定价投放新产品的策略。有些新产品由于率先推出，以奇货自居，一般会采取这一策略。（2）渗透价格策略。这是一种与撇脂定价策略相反的策略，把产品的价格定得很低，借以排除竞争对手，迅速地占领市场。（3）折扣策略。这是一种通过变通的办法给购买者以优惠并鼓励其积极购买和如期支付货款的价格策略。（4）综合定价策略。即经营者根据市场竞争中的位置，采取综合定价办法，即有的产品价高，有的产品价低，或者把产品销售的有关因素都包括进去，以利于产品推销和开拓市场。（5）心理定价策略。这是一种为满足各种类型消费者心理的价格策略。人们在购买商品时具有多种不同的心理，有人出于实用性，有人出于好奇心，有人出于自尊心，有人为显示富贵。针对这些心理定价，会对顾客的购买欲产生强烈的刺激作用。犹太商人的"厚利适销"策略，是集心理定价与撇脂定价策略于一体的策略，由于运用得当，成为其经营的生意经。

其实不论选择哪一块市场，目的都是能够尽可能地赢得市场并获取最大化的利润，关键是要结合自身的优势和市场的环境来决策。

3. 总能找到解决问题的出路

在实际经营活动中，犹太商人同样也会遇到种种规则与经营目标发生冲突形成两难的情境，但同一些喜好偏执于一端的其他商人不同，犹太商人的基本策略是化两难为两全。

犹太人自己有这么一个笑话，也许可以作为犹太商人这一策略的幽默解说，虽然其中并没有出现商人。以色列的住房问题很严重，几个德裔犹太人只好将一个报废的火车车厢做临时住处。有一个晚上，几个德裔犹太人穿着睡衣，在寒风中颤抖不已地来回推着车厢。一个本地犹太人不解地问："你们到底在干什么？"

"因为有人要上厕所，"推车人耐心地说明，"车厢里写着：停车时禁止使用厕所。所以，我们才不停地推动车厢。"

凡乘过长途火车的读者，想必都有机会看到这一条规定。其意图何在，大家也都清楚。现在既然车厢已经成为固定居所，此规定作为列车运行中的规定理当自然失效，虽然为保障"住宅"周围的环境卫生还有必要遵守，可是这几个德裔犹太人（犹太人中法律观念最强的，也许就是德裔犹太人）却不知变通，死守规定，弄得两头不讨好：人冻得要命，环境卫生仍没搞好。这是对笑话的一般理解。

然而，要是换一个角度来看，事情就完全不是一个"迂腐"的问题，反倒是"变通"的表现了。

这几个犹太人是寄居在火车车厢之中的，就像犹太商人长期寄居在其他民族的社会中一样。这条规定是铁路主管部门制定的，无论其是否有效，应由列车车厢的所有人或铁路主管部门宣布，这几个犹太人没有立法的权力，自然也没有废除某项法律的权力。说实在的，犹太商人在各自所居住国家中，经常也要面临这类原该自然废弃但偏偏还起着"作用"的法律或约定俗成的规矩，要是他们也经常越俎代庖地宣布予以废除或触犯规矩，带来的恐怕远不止"环境卫生"的问题了。

规定既然不能废除，用厕所又在情理之中，聪明的德裔犹太人就想出了让列车"动起来"的点子；只要车厢一动，规定便从其本意上不适用了，无须再由任何人来废除，既然铁路主管部门从未规定是否允许人力推车，他们当可自行决定。而就在他们几个人的瑟瑟发抖之中，规定没有违反，如厕的要求也满足了，不是两全其美吗？

所以，这则笑话只能表明：在通常情况下，犹太人有变通法律、从形式上遵守、同时又不真正改变自己原有活动目的的智慧和能力。

我们把这么一个抽象概括的道理同一则看似漫不经意的笑话扯在一起，并非牵强附会。"道在屎溺"，笑话本是最有"道"之处。只要我们把笑话中的两难移进生意场上去，就会发现其中的妙处。

利昂·赫斯是美国犹太人中新出现的一个石油富豪，在美国的大富豪中位列第 21 名，控制着颇具规模的阿美拉达—赫斯石油公司将近 22% 的有表决权的股份，拥有的财产据计算在 2 亿至 3 亿美元之间。

在 1981 年之前，阿美拉达—赫斯石油公司一直使用国外进口的高价石油，同时享受着政府每年 2 亿美元的补贴。但从 1981 年起，美国政府取消了国内石油价格管制，国内石油与进口石油的巨大差价不复存在，价格补贴也就同时取消了。这么一来，赫斯也开始为自己进口的石油价格犯愁了。解决问题最简便的办法，就是向有关国家的官员行贿，争取优惠价。

这种做法是石油行业中司空见惯的，一些大石油公司也都走这条捷径，只是大都采用各种财会手法来掩盖诸如此类的付款，不让主管机构查实。

赫斯比他们都聪明，他选择了一种更为直接的方法：他在给股东们的信中告诉他们，"这一笔笔数额可观的款项只从我个人的基金中支付"。而且这笔基金本身也不作为业务开支在他个人应纳税款中扣除。

这就是说，赫斯是以个人的钱在为公司业务铺路。不仅如此，他还得为这笔铺路费缴纳个人所得税。美国政府对行贿的有关规定，是在企业法人行为层面上的规定，对于个人之间的馈赠是完全不适用的，更何况馈赠金本身的税额已经完全付清。这样一来，赫斯就干干净净地避免了涉嫌有争议的法人行为，更准确地说，行为本身仍然存在，但已不是法人行为，赫斯也没必要再把付款的去向向股东们说清楚了。不过，只要"馈赠"还在送出去，优惠价的原油就会流进来，公司就能挣大钱，赫斯个人的腰包就会随之鼓起来，他的个人基金也不会枯竭。最后，美国政府也可以一方面禁止行贿、一方面又分享行贿带来的利益，而股东也乐意让赫斯用他自己的钱为他们谋利益。

赫斯没有宣称政府有关规定无效，但却以自己的方式使它完全不适用了。他的这笔个人基金与德裔犹太人在寒夜中颤抖不已地推动车厢,不是有异曲同工之妙吗?

4．要想进一步就先退一步

一种方法不行就试试另一种,正着不行何妨反着来,犹太人的思维方式能给人以启迪。

有一所学校,每年都要举行一次智力竞赛。这一年,智力竞赛又拉开了序幕。报名参加比赛的有几百名学生,竞争非常激烈。终于,全校选出了6名最聪明的学生,大家都等着看哪一位能获得第一名。

校长把参加决赛的6名选手带进了教学楼第一层,指着6间教室,又指指大门,说:"我现在把你们分别关在6间教室,门外有人把守。我看你们谁有办法,只说一句话就能让门外的警卫把你放出去。不过有两个条件:一、不准硬闯出门;二、即便放出来,也不能让警卫跟着你。"校长说完,微微一笑:"好了,孩子们,请吧!"

6位学生各自走进了一间教室,思考着如何用一句话就能让警卫叔叔放自己走出大门。然而,3个小时过去了,却没有一个人发出声响。正在这时,有个学生很惭愧地低声对警卫叔叔说:"警卫叔叔,这场比赛太难了,我不想参加这场竞赛了,请您让我出去吧。"警卫听了,打开了房门,让他走了出来。看着这个临阵退缩的小家伙垂头丧气地走出了大门,警卫惋惜地摇摇头。然而走出大门的小家伙随即又回来了,他走到大厅里,对校长说:"校长,您看,按您的要求,我办到了!"校长伸出手一把抱起了这个孩子,高兴地说:"孩子,你是这次竞赛的胜出者!你是最最聪明的!"

这个学生显然是运用了一种巧妙的策略,以退为进,轻松地赢得了"最最聪明的孩子"的称号。在犹太人的生意经中,也不乏使用类似的手段。

有一家犹太人开的洗涤公司,它的 A 种品牌产品深受家庭主妇的欢迎。然而该公司很快就得知另一家公司生产的 B 种品牌的同类产品即将打入市场,而且 B 种品牌可能更具有竞争力。经过筹划,该公司做出这样一个决定,在 B 种品牌上市前,将 A 种品牌产品从各商家的货架上撤走。在 B 种品牌上市后,再将 A 种品牌产品全部摆上货架。

习惯于使用 A 种品牌产品的家庭主妇们忽然发现缺了一个好助手。她们这才意识到,A 种品牌的产品对她们是何等重要啊!在 B 种品牌上市时,家庭主妇们又惊喜地发现,自己想念已久的 A 种品牌又回来了,于是,B 种品牌上市所做的那么多的努力也被她们给忘记了。

还有一个在求职时利用以退为进的策略取得成功的案例。一位留美的犹太计算机博士,毕业后在美国找工作,结果好多家公司都不录用他,思前想后,他决定收起所有证件,以一种"最低身份"再去求职。

不久,他被一家公司录用为程序输入员,这对他来说简直是"高射炮打蚊子",但他仍干得一丝不苟。不久,老板发现他能看出程序中的错误,非一般的程序输入员可比,这时他亮出学士证,老板给他换了一个与大学毕业生对口的专业。

过了一段时间,老板发现他时常能提出许多独到的、有价值的建议,远比一般的大学生要高明。这时,他又亮出了硕士证,于是老板又提升了他。

又过了一段时间,老板觉得他还是与别人不一样,就对他"质询",此时他才拿出博士证,老板对他的水平有了全面认识,毫不犹豫地重用了他。

以退为进、由低到高,这是犹太人开拓个人生存空间的一种艺术。

第三章　与他人的关系决定着人生

犹太人的财商与其情商密不可分。犹太人似乎天生与金钱有着牢不可破的关系，能够轻易得到财富之神的眷顾，实际上，这是因为他们善于与他人建立和保持恰当的人际关系。

1. 用对方的视角看问题

有一位犹太实业家曾对他的员工提出过这样的忠告：成功的人际关系在于你能及时捕捉对方观点的能力，更重要的是能从对方的角度考虑、分析问题，并努力做到让对方满意。

常言道："己所不欲，勿施于人。"那么，自己想要的，自然也是别人所想要的。从别人的角度考虑问题，很重要的一点就是思考别人的需求。

在日常生活中，我们所有的人都一样，只关心、在乎自己的需求。成功的犹太人告诉我们一个很好的方法可以影响他人，那就是注意别人的需求，并想办法满足这种需求。

因此，下次当你想要请某人办事时，千万别再絮絮叨叨地说什么大道理，而要先想想：他们究竟需要什么？

举例来说，假如你不想让自己的孩子抽烟，只需告诉他们抽烟可能使他无法加入篮球队，或无法赢得百米竞赛。无论是对大人、对小孩，还是略通人性的大猩猩，也不论大事小事，这种方法绝对值得你我牢记于心，因为它的确十分有用。

一天，爱默生和儿子想把一头小牛弄进牛棚里。爱默生在后面用力推，他的儿子在前面用力拉。可是，那头小牛似乎并不领情，一动不动地站在那里。于是，尽管父子俩使尽全力，费了很大的劲，小牛也没移动半步。有个犹太女仆看见了这一幕，虽然她不会著书立说，也没有多少文化，可她却比爱默生更懂得牲口的性情。她把自己的指头放进小牛嘴里，一面让它吸吮，一面温和地把它引到牛棚里。

把小牛引进牛棚尚且需要关注小牛的需求，由此可见，关注他人的需求是何等重要。可以说无论是谁，日常的言谈举止都在表示自己所想要的某种东西。可能你会问，有时我捐钱给红十字会，这总不会是在为自己着想吧？是的，这也不在话题之外。你把钱捐给红十字会，是因为你想要援助别人，想要完成一件美好、高尚的善举，你需要的是社会的认可和灵魂的满足。假如不是这种想法胜过你需要金钱的欲望，难道你还会把钱捐献出去吗？

很多成功的犹太人，都是从普通平民起步，不断奋斗直到成功的。他们在年轻的时候，都有一个共同点，那就是无论面对什么事，都把它当成自己的分内事来做。

这也是全世界许多领袖人物早年在职业生活中运用的策略：在办事的时候，永远把工作当成自己的分内事。如果现在的你正面临找工作的情境，这个策略也是适用的。可是多数人却仍旧忽略了这至关重要的一点。

一个曾经收到过几十万封求职信的犹太人实业家对这个策略的印象是颇为深刻的。他说："差不多每个失业者所常犯的过错都是不用脑子想问题。差不多可以说一切的人——无论是普通人、工程师，还是教授、专栏作家，他们都很少能从老板的角度出发来考虑问题，而这往往就是他们在职业上失败的致命根源。"

在实际生活中，许多人也往往忽略了这一点，即使在对待一个最重要的人物的时候。

商业界有许多看起来似乎很有才干的年轻人，他们辛勤地工作着。他们热爱自己的事业，为公司的发展热心地尽着力。他们的勤奋和忠诚使得他们做了主管或领班。但是，他们的前程却似乎永远停止于此了。

为什么呢？最根本的原因，就是他们对于许多问题，总是按照自己所熟悉的那一小部分业务的运营思路去解决，而不是从整个公司经营理念以及老板的立场出发去解决。他们从来不会替坐在宽大的写字台背后的老板设想一下："他心里想怎样做呢？他是怎样看待这个人的？如果我处在他的位置上，那么，我应当怎样去处理这件事情呢？"

从前做过报童，而后来成了美国国际公会会长的犹太人布拉什也曾说："在我所曾从事过的许多职业中，使我受益最大的一件事就是，我学会了依照我的上司的办事习惯去做事。我想在每一件事情上，每一个动作上，尽量做得比他要求我的更好。我常常比他更早地来到办公室，把他的写字台准备好，为他当日的一切计划做好准备。所以，如果你也想取得事业的成功，就得学会机敏地做事。每一次走进办公室，你的思想最好比你的上司更超前一些。预测到他以后的意图将是怎样的，从而采取必要的行动来表示你头脑的聪慧和办事的机敏。"

然而，在要求升迁这类紧要事项的时刻，有许多人仍然不注意，或者完全忽略了他们老板的想法和观点。布拉什又说："你也许会说，'我在这里干了好几年了，我想我一定能胜任那份更好的工作。'或者就是，'我家里添了人口，我希望能增加一点生活费。'又比如：'我给老板每星期加了那么多班，我就不明白为什么不给我加薪呢'？"

"这些话也许能唤起老板的同情心，然而，这并不能说明你在工作上有多能干，更不能说明你理应拿到更多的薪水，并享受更高的职位。"

杰出的犹太人一致认为，对于那些常常能够领会老板意图的人，当他们在要求晋升以前，早就能找到许多可以满足他们欲求的机会了。

　　杰出的犹太人建议我们，如果想让别人按自己的意愿行事，记住，在你开口之前，先停下来扪心自问：我怎样才能使这个人愉快地去做这件事？与人相处，就像钓鱼，投其所好才会有所收获。想要他人为你做些事情，就要从他人的需求入手。

2. 不能与他人合作的人难有大作为

　　犹太人重视人与人的联系，建立了诚信度很高的商业网。如果朋友中有谁在某个领域非常活跃，大家都会积极提供援助。一个家族会团结在一起赚钱，利用这笔钱来支持有才能的人，将他培养成自己的领袖。如果用足球来打比方，可以说犹太民族是一个为球场上的球员建立了完整的赞助集团网络的民族。

　　有一个犹太教师给他的学生出了一道智力测试题。在一个罐头瓶里放进6个乒乓球，每个球用细绳系着，要求在最短的时间里从瓶里全部取出。几个小组的同学，每个人都想在第一时间里从瓶中取出乒乓球，结果在瓶口形成堵塞，谁也出不去。只有一个小组成功做到了，他们采用的办法是6个人相互配合，依次从瓶口取出乒乓球来。这道测试题考验的就是团队有无相互协作精神，就是我们常说的团队精神。这位犹太教师意在告诉他的学生团结协作精神的重要性。

　　犹太人也许是世界上最富于集体精神和团结合作精神的民族。其影响世界的两大巨著《圣经》和《塔木德》，都是集体智慧的结晶。俗话说，"三个臭皮匠，顶个诸葛亮。"犹太人的合作往往是几十人或上千人的合作，这就使人不得不对这种集体精神大加推崇。而犹太人超凡智慧的形成，恐怕与此不无关系。

　　善用资源的原则，也使得犹太人有很强的团队精神，他们认为个人的智慧是建立在许多人共同努力的基础上的，因此，犹太人有着共享智慧的风范。

犹太人的团队协作以充分发挥个人才干为基础，提倡在团队中各尽所能、取长补短、共同贡献。在团队中，大家共享成果、荣誉或失败、处罚，这才是真正的荣辱与共，因此必须团结一致，而不能勾心斗角或争名夺利。

在犹太人的企业中，按专利版权法规，就算你是主要的甚至是唯一的发明人或设计者，你在公司任职时利用该公司的资金设备、上班时间、拿着该公司发的薪水而做出的成就，都属于该公司所有，你个人无权私自处置。公司在申请专利或报告成果时，也有权署上公司老板和其他同事的名字。犹太人认为从团队协作角度来说，你作为该团队的主要一员并不能独揽功劳，因为没有别人的辅助和公司做后盾，你再有本事恐怕也出不了此成果。

好团队才能出高效益，这取决于管理人士或老板是否善于团结部下、发挥团队所有成员的能量，还取决于每名团队成员是否善于配合。犹太人公司在招募职工时，除考察专业水平外，常把"优秀的团队合作者"作为主要标准之一。机构和公司也经常根据不同的任务组织项目小组，普通职工可能会成为某小组的领头人，而上层主管却甘愿当打杂的普通一员，大家都不计较排名和功赏。这种多方位组建的工作结构，正是犹太人团队精神、平等负责、能上能下的典型结晶。

杰出的犹太人认为团队的协作就像人的五官，只有大家形成一个共同奋斗的共识和目标，才具有威力。有了团队精神，才能产生创新的力量、发展的力量。一位畅游南美洲的犹太人作家曾见过一种奇特的景观：游客们点燃干燥的原始草丛，把一群黑压压的蚂蚁围在当中，火借着风势逐渐蔓延，开始蚂蚁有些混乱，但很快就变得有序了，它们迅速扭成一团，像雪球一样朝外滚动突围。外层的蚂蚁被烧得"噼啪"直响，死伤无数，但蚁球勇猛向外滚动，终于突出火圈。游客们还想再烧，被作家坚决制止了，作家已被这群蚂蚁的勇敢和团队精神所感动。蚂蚁尚且有如此可贵的团队精神，那么作为万物之灵的人类，岂能失去团结的精神？！

　　无论是在企业之中还是家庭之中，犹太人都非常重视培养员工和孩子的团队精神，他们认为要培养团队精神首先必须摆正个人的位置，既各尽其责，又要分工协作。如果相互争执、互相拆台、无休止地搞内耗，那就会弄得像一盘散沙。强调团队精神，不是无原则地搞一团和气，原则、感情与共同的利益和目标，是维系一个团队的纽带，少了哪一项都不行。团队精神是在原则的基础上产生的，放弃原则、迁就个别人的不当做法和行为，虽然满足了个别人的利益需要，但却起到了误导作用，由此必然导致人心涣散，从而失去了团队的凝聚力，没有凝聚力，还有什么团队精神？

　　有许多比顶尖大公司企业还历史悠久的著名犹太人组建的非营利机构，更是团队协作的成功典范。在团队之中，要勇于承认他人的贡献。如果借助了别人的智慧和成果，就应该声明。如果得到了他人的帮助，就应该表示感谢。这也是团队精神的基本体现。

　　分立多于联合，把许多时间和精力消耗在明争暗斗上，利用别人为自己争名谋利等都不符合犹太人的团队协作精神的原则。聪明的犹太人看到现代社会加速向高度集团化大型化趋势发展，团队协作更是一门社会必修课程。

　　犹太人企业家认为，团队要有好的表现，领导人首先必须非常尊重每一位成员。这包括开放的心胸和真正的双向沟通，耐心倾听部属的建议，认为应该如何才能达成公司的目标，即使是最离谱的意见也要给他们表达的机会。团队要有好的表现，领导人要能够让每一个成员分享集体的成功，增强他们的向心力。

广大的犹太人，对于这个"共同体"的理解，尤其深刻。"二战"期间，他们被纳粹当做屠杀和消灭的对象，很多人都是靠团结获得了新生。

在酸甜苦辣和风风雨雨的生活中，共同的价值观和共同的目标，尤其是荣誉守则，是团队合作的基础。战后犹太人没有忘记过去，更加注意发扬民族的团队精神，充分认识共享一切的重要性。对同一个企业的犹太人而言，没有个人的行为动机，只有团队的目标。他们希望看到在团体中每一个人都会变得更有力量，而不是变得微小、依赖或默默无闻。在犹太人的企业中，依靠是一件好事，只要你依靠的是跟你一样坚强的人。

在心理和身体上，犹太人都经历了艰难的磨炼。不管后人如何阅读他们的历史，都无法真正了解他们所经历的一切，只有亲身经历过的人才清楚他们的付出与苦乐。而最能够激发团队精神的，也莫过于这种独特的共同经历。犹太人对本民族强烈的认同感，就是以此为基础的，这份感情是终身不变的。

团队合作的意义，不仅在于"人多好办事"，团队行动可以完成个人无法独自完成的目标。

市场经济是广泛的交往经济，没有人与人之间大规模的交往，就没有所谓的市场交换，因而也就没有所谓的市场经济。人们的利益实现都无一例外，是通过市场交换来实现的。但是"诚实"与"信任"仍然是市场经济条件下人与人交往的最基本的行为准则。广泛的交往经济，决定了合作的形式呈现为多种多样的形态：有亲戚之间的合作，有家族内的合作，有朋友之间的合作，有同事之间的合作；有企业与企业之间的合作，也有个人与企业或其他组织之间的合作；有本地的合作，也有跨地区、跨省甚至跨国的合作。这些形式之间体现着由家族内向家族外不断发展的特点，体现着亲情关系在经济活动中逐步减弱的趋势。

犹太人认为，合作是一种契约，契约也就是合同，它规定了订立契约或合同的人相互之间的义务和权利。比如，彼此之间出资的比例、利润的分配方式、不同的合作者应该承担的债务份额、各自在企业中的地位等。

这样，根据契约人的结成关系，合作者也可以分成好几种形式：普通合作者、名义合作者、有限合作者、秘密合作者、匿名合作者、不参加管理的合作者等。所以合作就是几个人或几个组织和企业联合起来做生意，不管他们采取什么样的形式，也不管他们把自己的企业登记为什么样的法律名称。

犹太人在经商过程中认为，选择合作不能凭感觉也不能抱着试试看的心理去做，必须要有端正的态度，必须从多方面来考虑自己、审视自己，同时也必须对你周围的环境和你自己的切身利益进行周密的思考。

首先，你必须仔细地考虑你是否能独自承担创业的风险。如果你个人能够承受得住创业的风险，你最好独自创业。因为合作者虽然可以帮你承担风险，但也可能给你带来矛盾与问题。其利正是其弊之所在，鱼与熊掌不能兼得。特别是在创业之初存在诸多问题，制度难以规范，企业的运作需要机智灵活，这些都有可能成为合作者之间矛盾的导火线。当然，如果创业的风险个人实在无力承担，你就应该考虑合作创业。

一个犹太人企业家在回忆自己开办公司时说道："当我自己开始干时，像其他许多人一样，也想成立个合作公司，而且我也物色了几个合作者。但当我做完市场调查后，得出的结论是：基本上没有什么风险。我想，以我自己的能力可能还办不了公司，如果我有几个可以依靠的人，这事可能容易得多。人们总以为自己没法干的事，几个人在一起可能容易一些。其实，这是错误的。"

其次，你还必须考虑你想从合作者那里得到什么，你所需要的东西是否一定只能从合作者那里得到。你应该清楚地知道你需要从合作者那里得到的是资金、技术、关系、销售网、土地、经营场所或是其他经营中必不可少的要素，而这些又是你自己一时难以解决的问题。如果你已经清楚地知道这些问题，你就可以大胆合作创业了；如果还是模糊不清的话，你就应该再仔细地斟酌有无合作创业的必要了。

一位年轻的犹太人创建了一家公司，生意做得红红火火，但他不愿安于现状当一个小老板，想把自己的事业做得更大。他一直在寻找新的项目，希望能够独树一帜，迅速发展。经人介绍，他认识了一位身怀绝技的老人。这位老人出身于名医之家，几十年来历经坎坷，行医于民间，积累了丰富的经验，并摸索出了一种极有市场价值的保健药品。但是这位老人脾气古怪，性格倔强，不愿与人合作。年轻人却认为精诚所至，金石为开，只要自己真心与他合作，老人会同意的。况且这样的技术正是自己苦苦寻觅了很久而得不到的，也不是任何人都可以发明出来的。只有通过这样的合作，才能使公司迅速成长起来，造福于社会。在多次与老人接触交谈之后，老人终于被年轻人的诚意所打动，同意了与他合作。现在这家公司已经发展起来，成为当地最有实力的企业。

最后，你还必须考虑你个人的性格是否适合合作创业。独资企业只有一个人当领导，其余的人都是雇员，领导一个人说了算。而合作企业中，合作者都是企业的主管，合作者地位平等，不能一个人说了算。合作企业中合作者之间的关系不同于企业中主管与雇员的关系。合作者之间更强调相互尊重、团结合作、互谅互让。合作者之间的关系，比平常人之间的关系更复杂、更难处理。因此，那些刚愎自用、缺乏团队精神、喜欢发号施令、合作意识差的人都不适合与人合作经营。做任何事都要把握火候。就像烙饼，时候早了熟不了，时候晚了饼就焦了，只有恰到好处才可以做出又香又酥的饼。合作也一样，即使你需要合作也不是任何时候都可以合作的，一定要选择一个恰当的时机，否则很有可能一败涂地。

合作者及合作时机的选择固然重要，但合作以后，合作者之间的相处、保持恰当的合作关系就成了当务之急。如果合作者之间矛盾重重，各怀鬼胎，不能坦诚相见，必然会使企业停滞不前，直至走向灭亡。就像风雨中的小舟，如果船员之间缺乏应有的配合，各自为政，必然逃脱不了船倾人亡的命运。但是，现今没有任何方法解决这个难题，人们也只能通过一些努力，加强自己的修养，使合作者之间相互团结，最大限度地发挥合作企业的作用。

在合作过程中，企业主管还应该注意下列几个问题：

（1）互相信赖是基础。有一位成功的犹太商人曾经说过："用人的关键在于信赖，其他的都是次要的。如果对同僚处处设防，半信半疑，一定会损害事业的健康发展。"合作者的经营管理理念不尽相同，个人意见很可能不被其他合作人采纳和接受。如果大家都能互相信赖，相互谅解，相信彼此都是为了把生意做好，自然不会搞出其他的事情。互相信赖是合作成功的基础条件。

如果一个人，你觉得他没有诚意，居心叵测，缺乏能力，总之和你心里的合作者形象相悖就不能与之合作，更不能与他相互予以信赖。但如果经过仔细调查和观察，觉得他可以信赖，是理想的合作者，就一定要推心置腹，充分信任。

信赖是对他人人格的尊重，是人与人之间最宝贵的感情。没有信赖，就不可能使合作者充分发挥主观能动性和创造性。当然，相信他人在生意场上是要冒一定风险的。然而，除非你不打算合作，否则就必须相信你的合作者。有"用人不疑"的气概，才能使生意有更大的发展，千万不可疑神疑鬼。一个人各怀鬼胎地与人合作做生意，决不可能做得长久。

（2）坦诚相见是润滑剂。中国古代的孟子曾说："君视臣如手足，则臣视君如腹心；君视臣如犬马，则臣视君如路人；君视臣如草芥，则臣视君如寇仇。"这段话虽然讲的是君臣关系，但对合作者依然适用。

犹太人认为，只有合作者之间坦诚相见，将心比心，以爱换爱，才可能维持合作者的友好信赖关系，使事业得以健康发展。合作企业可以集多人优势于一体，同时也把各自的利益绑在了一起。这样就使得合作者之间难免会发生摩擦，搞不好还不如一个人单干。要克服这一局限，就必须利用坦诚相见这个润滑剂。

要对合作者进行感情投资，使大家在和谐、团结的气氛中一起工作，产生荣辱与共、休戚相关的团队精神。其次，还要与你的合作者多交流沟通，诚心诚意地交换看法。但是，不能把坦诚相见等同于简单的直率，把信口乱说当做耿直，坦诚也需要用合适的方式来表现，最好是心平气和、婉转含蓄地私下交谈，别让第三者参与，以防产生不良影响。

（3）取长补短是动力。"三人行，必有我师焉。"中国的圣人孔子都认为自己有缺点和不足，而在某些方面，有些人却可胜过自己。作为凡夫俗子的我们则更是如此。合作者有自己的优势，也有自己的劣势。只有认识到这点，主动把合作者的优缺点挖掘出来，同时相互尊重，取长补短，优势互补，才能充分发挥个人和集体优势，在竞争中获胜。换个角度考虑，即使你工作能力再强，思考力比别人深远得多，在合作者中无人能及，无形中居于领导地位，你仍然不要恃才傲物，妄自尊大，独断专行。从维护合作者自尊心乃至合作关系的角度出发也要谦虚谨慎，认真向对方学习，真心实意地寻求帮助，征求意见，这样既赢得了友情，又增强了合作企业的凝聚力。

谦虚谨慎的态度固然重要，但维持企业的运行，处理日常事务，也必须有个总管来完成。十个指头有长短，人的能力有强弱，那些能力胜过其他合作者的人自然会成为领导。在这个时候，没有做成领导的合作者不要产生妒嫉心理，觉得自己比别人强，应该多管一点。任其发展将使合作者之间出现分歧、发生摩擦，最终导致合作失败。

（4）义利并重是关键。人与我、义与利是合作者相处时接触最多也是最难处理的关系。有些人在创业时期能够有难同当，一旦事业小成，有了利益可图时，就变成有福我享了。这样就不可避免地与其他合作者产生利益冲突，解决不好就会导致企业垮台。因此，合作者在经营中要注重合作企业的整体利益，注重与其他合作者的关系。但是作为合作者之一的"我"又有自身的个人利益，这就导致在决策时自己的观点和意见与其他合作者不一致，甚至相互冲突。简言之，就是个体与整体的关系，全局与局部的关系，人与我、义与利的关系。要解决好这对矛盾，就要在人与我、义与利之间保持适度的平衡，人我两利、义利并重。此时，合伙人既不会放弃个人的利益，又不会损害其他合作者的利益，在个体与整体之间求得最佳平衡点。在这种状态下，合作者就能友好相处。要牢记一点：合作者的利益就是你的利益，只有通过合作，企业向前发展，才有个人的发展，才能人我两利、义利并重。有了这种心态，合作者就能友好相处。

尽管你做到了以上的每个要点，但是由于合作者之间认识上的差异、合作者信息沟通上的障碍、态度的相悖以及相互利益的排斥，矛盾冲突在所难免。当破坏性的矛盾冲突发生后，合作者就应该坐下来，通过协商的办法来解决，但在协商中也应注意一些技巧的运用。先做自我批评。合作者之间的矛盾冲突是由多方面原因引起的，有自己的原因也有对方的原因，还可能有第三方的原因。要顺利化解矛盾，就应该从自我批评开始。这样，会给对方造成负疚感，也会坦诚地把自己的错误找出来，避免使矛盾激化。当然，提倡自我批评并不意味着没有原则地迁就对方。从某种意义上说，责己既是手段又是策略。

（5）回避退让。回避不等于逃避，而是为了防止矛盾激化，并在回避中等待解决矛盾的时机。当矛盾或分歧比较严重，并且一下子难以解决时，为了不使矛盾进一步发展或者激化，应有意识地减少与有矛盾的合作者接触，避免正面冲突，使大事化小，小事化了。古时候，有个人，他的弟弟生性好酒贪杯，每喝必醉，曾在醉酒后把驾车的牛射死了。他回到家里，他的妻子迎上前来对他说："小叔子把牛射死了。"他冲口答道："可以做成牛肉干。"这则故事很短，可我们在读完后却一下子觉得心胸开阔起来了。故事中的这个人，真是既聪明又大度，一句话就把一场有可能引起争斗的事平息了。这是古人运用智慧，将大事化小、小事化了的一个精彩例子。

（6）求同存异。矛盾冲突的各方，暂时避开某些分歧点，在某些共同点上达成一致，以达到矛盾与冲突的逐步解除。这是解决合作者之间矛盾冲突而不影响企业正常运行的最好办法。求大同、存小异，做到大事讲原则，小事讲风格，在枝节问题上不苛求于人，不但可以避免冲突的发生，而且还会调解或解除现有的矛盾冲突。

（7）模糊处理。在特定的条件下，对于一些不是原则性的矛盾冲突，可采取模糊处理的办法。模糊处理，不是不问青红皂白，而是冲突本身无法分清谁是谁非。冲突双方均无事生非，毫无道理，倘若硬是分个是非对错，反而会助长对立，激化矛盾。模糊处理法是坚持原则立场、处理无原则冲突的最好方法。

许许多多成功的犹太人正是靠着这种合作精神，细心地挑选合作伙伴，与他们资源共享，最终达到了共同富裕的目的。

3. 伤害他人的自尊是一种罪过

聪明的犹太人知道究竟该在哪种情况下适时地接受别人的帮助，好让别人有一种施惠于人的满足欲和成就感。这种行为通常比鲁莽地帮助别人更能赢得他们的心。

一位著名的犹太人广告商，有一段时间忽然发觉他的一位老朋友跟他的关系在渐渐疏远，简直就快要背叛他了，他立刻着手改变这种状况。考虑到自己这位朋友是位工程师，广告商便诚恳地请他对自己新建的房子发表一点意见，并请他担任新房水管系统的设计总监。

这位工程师爽快地接受了这一邀请，对这一工程提出了许多切实可行的意见，并以出乎广告商意料的热情投入了工作，很快就拿出了设计图纸。从那一天起，他们俩的交情又恢复到了往日的状态。

某经营皮货的犹太商人，由于工作的需要，必须和一位与自己曾有过节的猎户打交道。思前想后，他巧妙地寻找到了一个机会，在这个猎户家里住了一晚上就顺利地赢取了对方的好感。

大千世界，无奇不有，人当然也分为各种各样的人。但因为上述这种策略是植根于人性的一种普遍需求，所以，它差不多适用于一切人。犹太人认为，无论是对待上司还是下属、对待陌生人还是亲戚、对待那些满意自己的人还是那些对自己不满的人，它都不啻为一剂灵丹妙药。

不过，聪明的犹太人在使用这种策略时，还会注意一点，那就是每一个人身上与众不同的地方，也就是每个人特有的嗜好和习惯。因为，对他们来说，最乐意给别人的往往就是那种触及到他们个人特殊兴趣的小恩小惠。当我们向他们所求取的东西恰好是他们自己最为得意的方面时，他们不但会很乐意地赐予，而且还能使他们很愉快地对自己有所注意，迅速获得他们的好感。

如果再仔细研究一下那些成功犹太人的典范，我们就会发现，他们之所以常常能在运用这种乞取小惠的策略时取得成功，很大一部分原因还在于他们的诚恳——正是这种态度使别人很容易对利用这种方法的人产生深切而真实的好感。如果一个人在使用这种方法时表现得很冷淡，那么，这很容易让别人觉得他是想利用这种方法来骗取别人的好感，从而弄巧成拙。所以，只有当别人感觉到你是发自内心、诚心诚意地需要他的友谊和帮助的时候，这一策略才会成为使别人对自己产生好感的妙策。

成功的犹太人给出了我们一生应谨记的人生经验：

（1）帮助他人维持其"自尊心"，这是使别人满意的最佳策略。实行这种策略有许多简易的方法，其中之一便是：在既能使别人感到高兴，但又并不需要很麻烦别人的情况下，主动请求别人的帮助。

（2）犹太人心理学家威廉·詹姆斯指出："渴望得到赏识是人最基本的天性。"一位成功的犹太人企业家说："促使人们自身能力发展到极限的最好方法，就是赞赏和鼓励……"既然渴望得到别人的赞美是人的一种普遍天性，生活中的我们的确都应该学习或掌握这方面的生活智慧。我们都应该明白，恰当的颂扬和赞美可以增强人的自信心，并能以此来获得他人的友善和合作。

（3）就算别人是错误的，而我们是正确的，如果没有为别人保留面子，也可能会让事情演化得更加糟糕。

给他人留一个面子，这是一个何等重要的问题，每个人都有自尊，都希望别人凡事都能顾及到自己的面子。然而却很少有人会真正用心地考虑这个问题。他们总喜欢摆臭架子、自以为是、挑剔、威胁甚至当面指责雇员、妻子或孩子，而没有多考虑几分钟，讲几句关心的话，设身处地地为他人着想。果真如此，就可避免许多难堪尴尬的场面了。

有一家犹太人电器公司遇到一项需要慎重处理的问题——公司不知该如何安排一位部门主管的新职务。这位主管原先在电器部是一个一级技术天才，但后来调到统计部当主管后，工作业绩却不见起色，原来他并不胜任这项工作。公司领导感到十分为难，毕竟他是一个不可多得的人才，何况他的性格还十分敏感。如果激怒、惹恼了他，不出乱子才怪！经过再三考虑和协调后，公司领导给他安排了一个新职位：公司咨询工程师，工作级别仍与原来一样，只是另换他人去接手他现在管理的那个部门。

对此安排，这位主管自然很满意。公司的领导当然也很欢喜，因为他们终于把这位脾性暴躁的大牌明星职员成功调遣，而且没有引起什么风暴，因为公司让他保留了面子。

实际上，就算是别人犯过错，而我们是正确的，如果没有为别人保留面子，也会毁了一个人。某位成功的犹太人说过："我没有权利去做贬抑任何一个人自尊的事情。伤害他人的自尊不啻为一种罪过。"

那些成功的犹太人会遵循这个重要的规则。他们拥有调解激烈争执的非凡能力。他们会小心翼翼地找出对方正确的地方，并对此加以赞扬。他们有一个很坚定的调解原则，那就是他们从不指出任何人做错了什么事情。

4．拥有一颗感恩的心就拥有一片晴朗的天空

杰出的犹太人都是懂得感恩的人。犹太人认为，感恩不但是美德，还是一个人之所以为人的基本条件。

为什么我们能够轻而易举地原谅一个陌生人的过失，却对自己的老板和上司耿耿于怀呢？为什么我们可以为一个陌路人的点滴帮助而感激不尽，却无视朝夕相处的老板的种种恩惠，将一切视之为理所当然？如果我们在工作中不是动辄寻找借口来为自己开脱，而是能抱着一颗感恩的心，情况就会大不一样。

犹太人成功守则中有一条黄金定律：待人如己。也就是凡事为他人着想，站在他人的立场上思考。有一位成功的犹太人说："当你是一名雇员时，应该多考虑老板的难处，给老板一些同情和理解；当自己成为一名老板时，则需要考虑雇员的利益，对他们多一些支持和鼓励。"

很多人曾经为他人工作，对这一黄金定律不太理解，认为老板太苛刻。而当为自己工作时，却又会觉得员工太懒惰，太缺乏主动性。其

实，什么都没有改变，改变的只是看待问题的方式。

犹太人认为，这条黄金定律不仅仅是一种道德法则，它还是一种动力，能推动整个工作环境的改善。当你试着待人如己，多替老板着想时，你身上就会萌生一种善意，影响和感染包括老板在内的周围的人。这种善意最终会回馈到你自己身上。如果今天你从老板那里得到一份同情和理解，很可能就是以前你在与人相处时遵守这条黄金定律所产生的连锁反应。

其实，经营管理一家公司或一个部门是件复杂的工作，会面临种种繁琐的问题。来自客户、来自公司内部巨大的压力，随时随地都会影响老板的情绪。要知道老板也是普通人，有自己的喜怒哀乐，有自己的缺陷。他之所以成为老板，并不是因为完美，而是因为有某种他人所不具备的天赋和才能。因此，首先我们需要用对待普通人的态度来对待老板。

许多人总是对自己的上司不理解，认为他们不近人情、苛刻，甚至认为可能会阻碍有抱负的人获得成功。不但对上司、对工作环境、对公司、对同事，也总是有这样或那样的不满意和不理解。同情和宽容是一种美德，如果我们能设身处地为老板着想，怀有一颗感恩的心，或许能重新赢得老板的欣赏和器重。退一步来说，如果我们能养成这样思考问题的习惯，最起码我们能够做到内心宽慰。我们每一个人都获得过别人的帮助和支持，应该时刻感谢这些帮助你的人，感谢上天的眷顾。一个人的成长，要感谢父母的恩惠，感谢国家的恩惠，感谢师长的恩惠，感谢大众的恩惠。没有父母养育，没有师长教诲，没有国家爱护，没有大众助益，我们何能存于天地之间？所以，感恩不但是美德，感恩还是一个人之所以为人的基本条件。

今日的一些年轻人，自从来到尘世间，都是受父母的呵护，受师长的指导。他们对世界未有一丝贡献，却牢骚满腹，抱怨不已，看这不对，看那不好，视恩义如草芥，只知仰承天地的甘露之恩，却从不知道回馈，由此足见内心的贫乏。现代一些中年人，虽有国家的栽培、上司的提携，自己尚未能发挥所长，贡献于社会，却也不满现实，自认为有诸多委屈，好像别人都对他不起，愤愤不平。这种人，在家庭里，难以成为称职的家长；在社会上，难以成为称职的员工。

羔羊跪乳，乌鸦反哺，动物尚且知道感恩，何况我们作为万物之灵的人类呢？我们从家庭到学校，从学校到社会，重要的是要有感恩之心。感恩已经成为一种普遍的社会道德。然而，有些人无视朝夕相处的上司、同事的种种恩惠，将一切视之为理所当然，视之为纯粹的商品交换、雇佣关系，这是许多公司上下级之间、员工之间矛盾紧张的原因之一。的确，雇用和被雇是一种契约关系，但是在这种契约关系背后，难道就没有一点同情和感恩的成分吗？上司和员工之间的关系，从商业的角度说，也许是一种合作共赢的关系；从情感的角度看，也许有一份亲情和友谊，并非是绝对对立的。

你可以写一张字条给上司，告诉他你是多么热爱自己的工作，多么感谢工作中获得的机会。这种深具创意的感谢方式，一定会让他注意到你，甚至可能提拔你。感恩是会传染的，老板也同样会以具体的方式来表达他的谢意，感谢你所提供的服务。

犹太人时常教育自己的员工，不要忘了感谢你周围的人、你的上司和同事，感谢给你提供机会的公司。因为他们了解你、支持你。大声说出你的感谢，让他们知道你感激他们的信任和帮助。请注意，一定要说出来，并且要经常说，这样可以增强公司的凝聚力。人永远都需要表达感谢之意。推销员遭到拒绝时，应该感谢顾客耐心听完自己的解说，这样才有下一次惠顾的机会。上司批评你时，应该感谢他给予的种种教诲。

犹太人认为，感恩不花一分钱，却是一项重大的投资，对于未来极有助益。真正的感恩应该是真诚的，发自内心的感激，而不是为了某种目的，迎合他人而表现出的虚情假意。与溜须拍马不同，感恩是自然的情感流露，是不求回报的。一些人从内心深处感激自己的上司，但是由于惧怕流言蜚语，而将感激之情隐藏在心中，甚至刻意地疏离上司，以表自己的清白。这种想法是幼稚的。

感恩并不仅仅有利于公司和老板，对于个人来说，感恩是丰富人生的一种方式。它是一种深刻的感受，能够增强个人魅力，开启神奇的力量之门，发掘出无穷的智能。感恩也像其他受人欢迎的特质一样，是一种习惯和态度。感恩和慈悲是近亲，时常怀有感恩的心，你会变得更加谦和、可敬和高尚。每天都用几分钟时间，为自己能有幸成为公司的一员而感恩，为自己能遇到这样一位老板而感恩。

"谢谢你"、"我很感激你"，这些话应该经常挂在嘴边。以特别的方式表达你的感谢之意，付出你的时间和心力，为公司更加勤奋地工作，比物质的礼物更可贵。

当你的努力和感恩并没有得到相应的回报，当你准备辞职调换一份工作时，同样也要心怀感激之情。每一份工作、每一个老板都不是尽善尽美的。在辞职前仔细想一想，自己曾经从事过的每一份工作，多少都存在着一些宝贵的经验与资源。失败的沮丧、自我成长的喜悦、严厉的上司、温馨的工作伙伴、值得感谢的客户……这些都是人生中值得学习的经验。如果你每天能带着一颗感恩的心去工作，相信工作时的心情自然是愉快而积极的。

学学犹太人的感恩之心，你的生活会有另一片广阔的天地。

第四章 靠做人准则维护做人的尊严

<u>一个人有一个人的做人准则，犹太人作为一个族群有着一些统一的准则，这些准则已经渗透到犹太人的身心内部，在与人交往过程中指导着他们的行为。正因为有了这些准则，犹太人在各种艰难的条件下都能维护自己基本的做人尊严。</u>

1. 从不逃避自己该负的责任

犹太人认为，因为人总是在世界的中心，不能完全抹掉自己，当然也就不能抹掉自己的全部责任，只要存在一天，人们就会有一天的责任，即使可以把其中的一半责任推给环境，但自己仍须负担另外的一半责任。

不朽的上帝对他的使者盖博瑞儿说："去！在那些正直人的前额上用墨水做个标记，这样破坏天使就不会伤害他们；在那些恶人的前额上用血做出标记，破坏天使就会消灭他们。"

这时正义站在上帝面前说："宇宙之王，第一种人和第二种人有什么不同？""第一种人是彻底的好人。"上帝回答说，"第二种人是彻底的坏人。"

"宇宙之王，"正义争辩道，"正直的人有力量反抗其他人的行为，可是他们没有这么做。"上帝回答说，"你知道，即使他们反抗过了，邪恶的人也不会听他们的话。""宇宙之王"正义说，"你知道那些坏人不会改变，可是那些正直的人知道这一点吗？"

由于正直的人没有反抗，上帝改变了主意，没有把他们和邪恶的人分开。

这是上帝对于一个放弃自己责任的人的处置。

放弃自己的责任是上帝不能宽恕的，所以犹太人在现实的生活中，从不逃避自己的责任。为了负起自己的责任，他们甚至可以倾家荡产，可以去牺牲性命。正是因为犹太人在任何时候都不会放弃自己的责任，所以他们在别人心中是讲究诚信、注重契约的人。

在犹太人眼中，人永远无法逃避责任。自瞒自欺容易，但却无法逃离世人锐利的眼睛。因此，自己的责任一定要自己负。

不逃避自己的责任、自己的责任自己负，这是犹太人为人处世的一个原则。也正是由于他们这样做了，犹太人才在世界上赢得了尚好的声誉。

2. 自大的人是最丑陋的人

世界上有很多不美丽的东西，但是其中最丑陋的便是"自大"。

犹太古谚有一句批评自大的话："没有你，太阳照样东升西下。"

犹太人认为，当人自满自大时，就会失去一个人应有的谦虚以及改过向上的念头。自满自大的人很容易犯过错，因此，《犹太法典》虽不认为自大是一种罪过，却认为它是一种愚昧。

有很多人总以为自己是世界的中心，但是周围的任何人却决不可能那么重视自己，因此他厌恶别人的漠不关心，同时更为自己没有达到更高的目标而生气，于是就会产生过度的自我嫌恶。在犹太人看来，这也算是自大的一种。

因为这种自我嫌恶和虚荣心是互为表里的。

犹太人说："如果自己的内心已由自己占满时，就再也不会有留给神住的地方了。"因此在犹太人中，在夸奖别人之前，决不会夸奖自己。

犹太人告诫孩子们不可自大时，常引用《圣经·创世纪》的内容。

在《创世纪》中，神首先分别光明与黑暗；再分割天空和地面；并将地面划分为水、陆；然后他开始创造生物；到了最后才创造人——亚当；因此，甚至连跳蚤都比人早到这个世界，人有什么了不起呢？就是在动物面前，人连耀武扬威的资格也都没有。

谦虚是美德，因此《犹太法典》对谦虚有很严格的规定。《犹太法典》告诫人们："即使是一个贤人，只要他炫耀自己的知识，他就不如一个以无知为耻的愚者。"

犹太人有许多嘲笑不谦虚的人的故事。

有一位从事神圣工作的拉比好像在熟睡。他的旁边坐着信徒，他们正在讨论这位神圣的人无与伦比的美德。

"他是多么虔诚！"一个信徒带着陶醉叫了出来，"在整个波兰也找不到第二个像他的人！"

"谁能和他比仁慈？"另一个狂热的呐喊，"他给人宽广无私的施舍。"

"他有多么温和的脾气！难道有谁见过他激动吗？"另一个信徒眼睛发光地低语。

"啊，他是多么的博学！"一个信徒用圣歌般的调子说，"他是第二个拉比！"

信徒们陷入了沉默，这时，这位拉比慢慢地睁开了一只眼睛，用一种受伤害的表情看着他们。

"怎么没有人说说我的谦虚？"他责备说。

这则故事的名字就叫《谦虚的拉比》，它嘲讽了一个毫不谦虚的拉比的愚蠢。

此外，法典还对自大的危险提出了警告："金钱是自大的捷径，而自大是罪恶的捷径。"

不把内在显现给别人看的人，才是最聪明的人。不自大，也是犹太民族处世技巧之一。

3. 不能用任何方式侮辱别人

犹太教司本·阿拉斯加认为："侮辱别人没必要受到身体的惩罚，但必须受到道德的宣判。而且暗示性的侮辱和直露的侮辱一样严重。"

有人问犹太人拉比阿拉斯加这样一个问题：

有个人和朋友发生了争吵。这个人对朋友说："我可不是杂种！我可不是叛教的人！我可不是有罪的人！"难道他的话不是暗指他的朋友是一个杂种、叛教、有罪的人——言外之意是："我不像你那样，是一个杂种或有罪的人。"

拉比回答说："看起来那个人的话好像暗示着我不是像你那样的某种人。毕竟，他的朋友并没有先骂他是一个杂种或有罪的人。他没有必要否认那样的称呼，除非他有所暗示：'我可不是你那样的人。'"

在这个故事中，那个人似乎公开地说："我可不是某某，像你一样。"尽管这个人言语中没有这层意思，但是他侮辱了自己的朋友，应该受到谴责。

这个故事可以和另外一个故事联系起来。据说拉比希思达问自己的老师拉比胡那："老师需要弟子，就像弟子需要老师一样。那么弟子应该对老师表示什么样的敬意呢？"

拉比胡那把这个问题看作是对自己的暗示性的侮辱，便大叫起来："希思达，希思达，我不需要你，可是你一直到 40 岁之前都会需要我。"此后，他们一直生对方的气，很多年不来往。

也许拉比希思达的话并不是侮辱，却被拉比胡那理解为诽谤的意思，从他的观点来看似乎拉比希思达在公开地侵犯他。

许多犹太社区的拉比们对侮辱和嘲笑规定了严厉的惩罚办法。犹太学者拉比所罗门·本耶谢尔·路里亚在他的释疑书里，声言要把一个侮辱妇女的男人驱逐出教会，哪怕那人是在私下里悄悄说了侮辱的话。

这是在犹太人中广为流传的故事，非常琐碎的小事足以反映犹太人是何等的信守不侮辱他人的这个准则。

4．有权威也不能随便使用

即使父母很坏，坏到"已经被判处死刑，走在去刑场的路上"，儿女们也不能诅咒他们，因为儿女们欠父母的实在太多了，但儿女们不必违背自己的良知，盲目地服从父母。

父母不能阻止儿子的婚事以便他继续为他们干活，也不能让他娶妻之后仍然和他们在一起生活……

如果他能赡养和照顾父母，他就有权利找个妻子，到别的地方居住，只是他要知道父母在感情上并非不愿接受她。

如果他看上了出身良好的姑娘，可是他父母希望他娶一个出身不好的，因为她的亲戚很有钱，那么他不必屈从父母的意愿，因为他们的做法应当受责备。

拉比以利则·本·海克努斯22岁了，还没有学过《律法书》。有一次他下定决心说："我要去跟着拉班约翰拿·本·扎凯学习《律法书》。"他的父亲海克努斯对他说："你不把整块地犁完，就别想吃一点东西。"

他早早地起床，犁完了整块地，然后就出发去了耶路撒冷……

当他的父亲海克努斯听说他在跟着拉班约翰拿·本·扎凯学习《律

法书》，他宣布："我要去禁止我的儿子以利则使用我的财产。"

据说，那天拉班约翰拿·本·扎凯正在耶路撒冷演讲，以色列所有了不起的人都坐在他面前。当听说海克努斯来了，他召集了卫兵，对他们说："如果海克努斯来了，不要让他坐下。"海克努斯来了，他们不让他坐下。但是他往前挤，坐在富有的、高级城市领导人中间。

"我们不能说了。"拉比以利则恳求道。

拉班约翰拿催促他，同学们催促他，所以他站起来发表了人们从未听到过的演讲。当话语从他口中说出来的时候，拉班约翰拿·本·扎凯站起来吻了他的头，大声说："拉比以利则大师，你教给我真理了！"

休息的时间还没到，他的父亲海克努斯站起来说："大师，我来这里是为了禁止让我的儿子以利则使用我的财产，现在，我所有的财产都应该给我的儿子以利则！"

但父母和孩子，谁更重要呢？

父亲的爱给了孩子，孩子的爱又给了他们自己的孩子。

从前有一只鸟，带着3只雏鸟要飞过波涛汹涌的大海。大海太宽阔，风太猛烈，父亲不得不用爪子把小鸟一个一个地带过去。当他带着第一只小鸟飞到一半的时候，突然一阵大风刮来，他说："孩子，看看我为了你怎么拼命地努力。当你长大的时候，你能像我这样照顾我的晚年吗？"

小鸟回答说："只要把我带到安全的地方，当你老了的时候，你要我做什么都可以。"

于是父亲把小鸟丢进了大海里，小鸟淹死在水里的时候，父亲说："对你这样的骗子就应该这么做。"

然后父亲返回岸边，带着第二只小鸟，问了同样的问题，听到了同样的回答，把第二只小鸟也淹死了，大叫着："你也是个骗子！"

最后，他带着第三只小鸟过海，当他也问到同样的问题时，最后这只小鸟回答说:"我亲爱的父亲,你确实为了我冒着生命危险,拼命地努力,如果你老了我不报答,那是错误的。但是,我不能束缚自己。可是,我可以保证:如果我长大了,有了自己的孩子,我就要像你对待我这样对待他们。"

对此,父亲说:"说得好,孩子,你很有智慧;我要饶了你的命,把你带到安全的地方。"

上面讲的都是犹太人中流传的小故事,都揭示了父母不应该对子女滥用权威,同样也告诉我们在与人相处中也不应滥用自己的权威。

还有这样一个故事:

皇帝安冬尼有一次派使者到朱丹拉比那儿,问了这样一个问题:"帝国的国库快要空了,你能给我一个增加的建议吗?"

朱丹拉比没有回答一句话,他把使者带到了他的花园,然后安静地干起活来。他把大的甘蓝拔掉,种上小甘蓝,对甜菜和萝卜也是这样。

看到朱丹拉比无意回答问题,使者对他说:"请给我个回信。"

"你什么都不需要。"

于是,使者返回到安冬尼那儿。

"朱丹拉比给我回信了吗?"皇帝问。

"没有。"

"他跟你说什么了吗?"

"也没有。"

"那他做了什么?"

"是的,他把我领到他的花园里,把那些大蔬菜拔掉,种上小的。"

"那我明白他的建议是什么了!"皇帝兴奋地说。

于是,他立刻遣散了他所有的官员和税收大臣,换成少量的但更有能力、更诚实的人。不久,国库就得到了补充。

犹太人运用这个故事说明,国王要补充国库时,应该去想办法,而不能以不利的条件去强迫百姓多缴税，不去强迫别人做他们不愿意做的事情，这是犹太人的处世方法之一。在现实生活中，犹太人更反对以不利条件去强迫别人。

对于以不利条件去强迫别人，犹太人又有一个这样的故事：

有一天，拉比在路上碰到两个正在争辩的男孩。

两个男孩面红耳赤地争论到底谁的个子高，吵来吵去，还是没有结果。后来，其中一个男孩强迫另一个男孩站在水缸里，他终于证实了自己较高。

拉比看到这一幕情形很悲伤，对自己的弟子说："是否世上的人都常这么做呢？为了证实别人劣于自己，就强迫别人下水缸；如果别人不愿意下去，他们就会自己爬到椅子上面，以显示自己优于别人。"

犹太人经常引用这个故事去告诫那些以不利条件去强迫别人的人，例如，赌场的老千们，以不正当的手段诈取人们的财富。这都是犹太人告诫的对象。

在现实生活中，人们进行种种欺骗的事件屡见不鲜，但是，犹太人认为，坏事掩不住别人的耳目，终有一天人们一定会发现事情的真相。即使有人能幸运地瞒过别人，但是做了坏事之后，自己的心里一定会觉得很不舒畅，而时时怀着恐惧之心。因此，以不利条件强迫他人的做法是不可取的。

因此，犹太人在和别人进行竞争时，总是站在同等公平的立场上，而不是以不利的条件去强迫别人。

第五章　在双赢中赢取更大的成功

取和予是一个辩证的矛盾体，一味索取未必能得到更多，知道在予的过程中取所应取，反倒能够得到想要的东西。犹太人做人、做事、做生意都深得其中真味，他们总是力图把形势引向一个双赢的局面之中，因此，他们也总能成为获胜的一方。

1. 把双赢作为长富之道

犹太商人不是以"一锤子买卖"出名的，"只要每个人上我一次当，我就可以发大财了。"这种发财秘诀绝对不是犹太商人的生意经。

按理说，像犹太人这样被人不断驱逐、朝不保夕的民族，应该在生意场上形成一种与此相对应的"干一把换一个地方"的短期策略和流寇战术。然而，犹太商人不但绝少有这类劣迹，相反，他们的信誉卓著，所经营的也都属质量上乘的商品。究其原因，除犹太商人的文化背景，如素以"上帝的选民"自居，不屑于做"一次性"买卖，有重信守信的习惯等等之外，更有可能是在结合民族流动不居的生存状态与商业活动的规律之后，他们悟出了什么是真正的经商之道。

犹太商人一直处在众人的注视之下，而且是那种四邻不太友好的眼光。演进到今日，他们深深体会到"竭泽而渔"的害处：不是某种鱼类的绝种，而是干脆被大鱼拖入水中，甚至被旁观的人推入水中喂鱼！

在历史上，犹太社群的精神领袖——拉比就曾一再告诫同胞，不要播种仇恨。从这样一种生存大策略上升华出的经营原则，让生意经涉及的方方面面都各得其所：犹太商人、顾客、职工乃至整个社会都可以从犹太商人的经营活动中获利。

在英国，"马克斯和斯宾塞百货公司"是最有名的百货公司。这家百货公司是由一对姻亲兄弟，西蒙·马克斯和以色列·西夫创立的。

1882年，西蒙的父亲米歇尔从俄国移居英国。最初是个小贩，后来在利兹市场上开了个铺子，以后发展为连锁廉价商店。米歇尔于1964年去世后，西蒙和西夫将这些连锁商店进一步发展成连锁廉价购物商场，使其资金更加雄厚，货物更加齐全，具有类似超级市场的功能。

马克斯和斯宾塞百货公司虽以廉价为特色，但也非常注重质量，真正做到了"价廉物美"。用一些报纸上的话来说，这家百货公司等于引起了一场社会革命，因为原先从人们的衣服穿着上可以区分不同的社会阶层，但由于马克斯和斯宾塞百货公司以低廉的价格提供制作考究的服装，使得人们花钱不多就可以穿得像个绅士或淑女，以貌取人的价值观念也随之发生了根本动摇。现在，在英国，该公司的商标"圣米歇尔"成了一种优质品的标记，人们已达成共识，一件"圣米歇尔"牌衬衫是以尽可能低的价格所能买到的最优质的商品。

不但为顾客提供满意的商品，马克斯和斯宾塞百货公司还提供最好的服务。在素以彬彬有礼闻名的英国，该公司的售货员礼貌服务之周到也称得上是一个典范。西蒙和西夫就像挑选所经营的商品一样，挑选他们的职员，一丝不苟，真正使公司成了"购物者的天堂"。

在让顾客满意的同时，西蒙和西夫还做到了让职工也满意。他们对职工要求极高，但为职工提供的工作条件在全行业中也属于最好之列，职工的工资也最高，还专门为职工设立保健和牙病防治所。由于提供了上述优越条件，马克斯和斯宾塞百货公司被人称为"一个私立的福利国家"。只是西蒙和西夫没有像蒙德那样，允许职工将工作岗位传给子女。西蒙和西夫为顾客和职工想得这么周到，公司的经营情况又如何呢？马克斯和斯宾塞百货公司被公认为国内同行业中最有效率的企业，大量的投资者纷纷慕名而来。

美国"希尔斯·罗巴克百货公司"与马克斯和斯宾塞百货公司同为百货零售企业，也是采取了同样的经营宗旨，甚至在对待顾客和职工的优惠方面做得更好，并将这种恩泽施向整个社会，做到了与整个社会和谐共存。

朱利叶斯·罗森沃尔德能担任希尔斯·罗巴克公司的总裁，是通过投资得来的。他是一个德国移民的儿子，曾在叔叔的百货公司工作。在希尔斯·罗巴克公司融资的时候，他以37500美元的投资约占融资总额的1/4，进入公司董事会。1910年，公司总裁也就是公司的创立人理查德·希尔斯退休，罗森沃尔德接替了他的职位。到1932年他去世时，希尔斯·罗巴克百货公司已成为美国最大的企业之一，每年有5亿美元的收益流入该企业。

价廉物美也同样被罗森沃尔德奉为其经营宗旨。公司销售的商品有许多都是企业集团自行生产的，因此成本可以降低，而质量也得到了保证。但罗森沃尔德制定的一条规定，才是希尔斯·罗巴克百货公司的真正本钱。规定是这样的：不满意可以退货。这是商业最高道德的最实在的体现，现在许多商店也在标榜这个规定，但这在当时是闻所未闻的。将商业信誉提到这样的高度，罗森沃尔德很可能是第一人。

凭借着商品的质量、价格、信誉，还有对市场的精确预测，希尔斯·罗巴克百货公司得到了消费者的广泛欢迎。公司的商品目录在罗森沃尔德逝世前已发行了4000万册，几乎每个美国家庭中都可以见到。观察家认为，这一连续出版的商品目录几乎构成了美国的一部社会史，从中可以探视到美国人审美情趣和愿望的发展，而这种发展中有相当一部分是由希尔斯·罗巴克公司预测到，甚至造就的。

在创办职工福利方面，罗森沃尔德也同样富有开拓精神。希尔斯·罗巴克百货公司为职工提供的福利设施和待遇多种多样，比如设立保健和牙病诊治所、疾病和死亡救济抚恤金、疗养中心，甚至还对长期为公司服务的职员给予利润分成。所有这一切使公司职员获得了一种在当时其他企业中不可能获得的安定感。就这一点来说，在美国商业界中，罗森沃尔德又走在了前列。在其他企业中，很难见到公司职工对公司的那种持久的忠实。

希尔斯·罗巴克百货公司经营业绩优秀，盈利丰厚，罗森沃尔德最初只投资了 37500 美元，30 年后其资产达到了 1.5 亿美元。在这样的财力支持下，罗森沃尔德广泛从事慈善事业，他曾为 28 个城市的"基督教青年联合会"和英国南方的一些贫困地区建立乡村学校提供资助，为解决芝加哥黑人的住房问题出资 270 万美元。另外，他还分别为芝加哥大学、芝加哥科学和工业博物馆捐赠 500 万美元。1917 年，他创立了拥有 3000 万美元基金的"朱利叶斯·罗森沃尔德基金会"，并规定，在他去世之后的 25 年内必须用完基金的本利。

罗森沃尔德有一条最明确的信条：犹太人在哪里生活，就应在哪里生根。就其本人而言，他不光实践了这一信条，甚至可以说是有过之而无不及：他的生意"摊子"不但做大了，而且做长了，并且有越来越好的势头。这不但是个人在商场上的胜利，更体现了自我的社会价值。罗森沃尔德已经以自己昌盛的实业荫庇了相当一部分犹太人和非犹太人。

2. 追求权利与义务的统一

探讨犹太人的文化，可以发现犹太人是一个追求权利、义务相统一的民族。

在权利和义务之间，是没有什么"本位"之争的，如同男人与女人之间无须争论何为本位一样。因为权利和义务是一个铜币的两面，多一分权利就相应地多了一分义务，多一分义务就相应地多了一分权利，因此权利与义务在总量上是对等的。存在"本位"之争的应是权利和权力之间的关系，这是另外一个话题。

犹太人十分看重自己的权利，简直到了锱铢必较的地步。有这样一个故事：一个旅行者的汽车在一个偏僻的小村庄抛了锚，他自己修不好，有村民建议旅行者找村里的白铁匠看看，白铁匠是个犹太人，他打开发动机护盖，朝里看一眼，用小榔头朝发动机敲了几下，汽车开动了！"共30元。"白铁匠不动声色地说。"仅仅敲几下就这么贵！"旅行者惊讶之极。"敲几下，只要1元；但是知道敲到哪儿，需要29元，合计30元。"由此可见犹太人的权利意识之浓厚。在长期的商场磨炼中，犹太人精于计算，是为了锱铢必较，他们不像大多数东方人一样，羞于"斤斤计较"。他们认为，该攫取的利润决不放手。他们既能计较得清，又能迅速地计算出结果。把两者结合起来，是犹太人的过人之处，也是他们善于做生意的诀窍之一。

犹太人珍惜权利，同样也看重义务。《犹太法典》说："原以为一定会有人带蜡烛进去，可是一走进房间里，发觉整个房间都是黑漆漆的，没有半个人拿着蜡烛。其实只要每个人都拿一根小蜡烛进去，这个房间就会像白天那般的明亮。"因此，犹太教是坚决反对犹太人放弃自己的责任、义务的。古代的拉比们说过："好事可以分享，自己的责任一定要自己负。"因为不管是把事情推给别人，还是归咎于环境，自己的责任仍然存在而无法消失，所以犹太人不会把义务推给别人。他们认为放弃自己的责任是上帝不能宽恕的事情，人永远无法逃避责任。自瞒自欺易，但欺人欺世难。因此，自己的责任一定要自己负。

有一个犹太人，接到美国芝加哥一个公司两万个玩具的订货单，双方商定的交货日期是 7 月 1 日。这个商人必须在 6 月 1 日从本港运出货物，才能在 7 月 1 日如期交货。但由于碰上意外的事故，商人没能在 6 月 1 日赶制出两万个玩具。这位犹太商人陷入困境，但他丝毫没有想到要给对方写封情真意切的信，请求延期交货并表示歉意，因为这本身就是违背契约的，不符合犹太商法，并且也是逃避责任的做法。结果，这位犹太商人花巨资租用飞机送货，两万个玩具如期交货了，可这位犹太商人损失了 1 万元。

犹太人认为，灵魂的纯正是最大的美德，人的灵魂变肮脏了，人也就完蛋了。所以，犹太人虽无止境地追求财富，但他们认为，应靠头脑和双手光明正大地获得财富。在他们心中，贪占不义之财就会受到神的惩罚。《犹太法典》中有这样一个故事：有位拉比以砍柴为生，经常把砍好的木柴从山上运往城里卖。为了缩短往返的路程，以便节省时间用来研读《犹太法典》，拉比决定购买一头驴子帮忙驮货。于是，拉比向城里的阿拉伯人买了一头驴子。有了驴子之后，拉比便可加快行程往返于村子和城镇之间，弟子为此感到高兴，用河水来帮忙洗刷驴身。就在此刻，驴子颈项间突然掉落一颗钻石。弟子们庆幸地说，这下拉比可以脱离贫苦的砍柴生活，拥有更多的时间来教导我们了。可是，拉比却命令弟子立即返回城里，将钻石归还阿拉伯商人。他告诉弟子："我买了驴子，但是不曾买过钻石。我只取自己应得之物，这才是正当的行为。"他还告诉那位阿拉伯商人："根据犹太人传统，我们只能获取所买之物。钻石并非我所购买的东西，因此特地送来归还给你。"

善于享用权利，乐于履行义务，这是犹太人的文化性格，是犹太人得以和睦相处的重要原因。

3. 信奉"取之于社会，用之于社会"的人生哲学

在致力于慈善事业时，有没有必要把犹太人与非犹太人区分开来？这是一个令犹太教拉比十分为难的哲学或者神学问题。

从《圣经》中的记载来看，对于有关"福利待遇"的规定，上帝是把以色列人和外邦人区别对待的。比如在谈到安息年豁免债务时，上帝就说，凡以色列人所欠的债务都要豁免，不可追讨；但借给外邦人的，就允许追讨。还有，同样卖身为奴的，以色列人可以在禧年自然获得救赎；而外邦人则永远不能翻身，只能永远为奴。

不过，在另外一些方面，外邦人也可以享受同样的待遇。比如安息日的休息，外邦人就一样有份儿。而且，在以色列人是一种宗教义务，而在外邦人则纯粹就是休息。再有，外邦人可以分享安息年地里自生自长的物产。

上帝如此加以规定，是有他自己的理由的。当初上帝造人之时，就只造了一个亚当。连夏娃都是用亚当的肋骨造的，是什么意图呢？

犹太人给的答案是：上帝的用意在于让人知道，每个人说到最后都是同宗同源的，人生下来之时，并没有先天的优劣。基于这样的认识，即使古时候犹太人也使用奴隶，但没有视奴隶为"会说话的牲口"之类的观念。《圣经》中上帝也多次告诫以色列人对寄居在他们中的外邦人一定要友好，因为以色列人也曾在埃及寄居过，要将心比心。

犹太人，尤其是犹太商人的普世主义慈善传统，就是从这一源头流传下来并形成的。

今天，在任何一个有较大的犹太共同体的城市里，人们都能够找到以这种或那种形式得益于犹太人的慈善事业，从无数的医院、诊所、图书馆、音乐厅以及其他以犹太人名字命名的福利和文化设施中，都可以

看到这种恩惠。甚至在英国的牛津和剑桥这两所世界著名的大学里，也各有一个"伊沙克·沃夫森学院"。十分明显，这是一个犹太人的名字。在此之前，有资格用来命名这两所英国最高学府的学院，只有一个人的名字，他就是耶稣基督，不过好在他也是一个犹太人。

被赞誉为"当代最慷慨的慈善家之一"的伊沙克·沃夫森，本是个土生土长的苏格兰犹太人，自1946年起担任英国"大宇宙百货公司"的总裁。"大宇宙百货公司"是英国最大的百货公司，是一个庞大的商业王国，它拥有约3千家零售商店，同时涉及银行业、保险业、房地产业以及水陆运输业。

沃夫森在1955年设立了以自己名字命名的基金会，在随后的20年时间里，他为各个方面提供了4500万美元的经济资助，其中主要是教育机构。许多大学和学院都为此向他颁发了荣誉学位证书，而牛津和剑桥则更是对沃夫森的特别关照给予了回报，即"伊沙克·沃夫森学院"。

沃夫森经常津津乐道地对人讲述这样一个故事。

曾经有个人向沃夫森打听："有个叫沃夫森的家伙，既是皇家外科医师学会会员和皇家内科医师学会会员，又是牛津大学的教会法规博士和剑桥大学的法学博士，而且还是这所大学的这个博士、那所大学的那个博士，不知他到底是干什么的？"

"他是个写东西的。"

"写东西？他写了些什么？"

"支票。"

因为他本人是个非常正统的犹太教徒，所以沃夫森的慷慨最能反映犹太商人的普世主义胸怀。他每天起床后和临睡前都要做祷告，在遇到好奇的来访者时，还常常偷偷地给他们看他穿在衬衫里面的犹太教礼拜服。在安息日或其他犹太教节日，他都遵守犹太律法，待在家里不出门,并始终居住在一所犹太教会堂的近旁。当他们夫妇俩应女王之邀到温莎堡做客时,女王用完全合乎犹太教饮食律法的食物招待他们。沃夫森并不想因为取悦上流社会而使人们忘记他的犹太人身份,相反,他经常说,他只是犹太人中很普通的一员,并希望成为像他父亲那样的一个"仁和宽厚、单纯、非常正统而又平常的犹太人"。

虽然沃夫森从事慈善事业时慷慨大度,可在做生意时他却从不心慈手软。他承认商业经营在慈善事业中有一席之地,但坚信慈善在商业经营中没有立足之地。他是个自由竞争的信奉者,并始终坚信,一旦一个生意人想要发慈悲,那么他就不应该再做生意人,他也不是生意人了。

所以,通过沃夫森的例子,我们可以明显地看出,犹太商人明确地把商业经营和慈善事业划入两个截然不同的范畴或层面。经商就得按经济规律行事,但经商之余,处世时就不能仍用生意眼光,而需要履行相应的社会责任,或用犹太人自己的话来说,履行"公义"的要求。他之所以既有能力也有愿望为一切人,不管犹太人还是非犹太人尽一份"公义",正是因为这种商人理性与社会意识的牢固结合又不互相串位。

4. 立足社会要以慈善为市

犹太富翁们有一个共同举措,即在发财致富中,注重解囊做各种善事和公益事业。

19世纪中期至20世纪初,俄国银行家金兹堡家族从1840年创立第一家银行起,经过几十年的经营,在俄国开设了多家分行,并与西欧金融界建立了广泛的业务关系,发展成为俄国最大的金融集团,其家族成为了世界知名的大富豪。金兹堡家族像其他犹太富豪一样,在其发迹过程中着重做大量的慈善工作。他在获得俄国沙皇的同意后，在彼得堡建立了第二家犹太会堂；1863年，他又出资建立了俄国犹太人教育普及协会；用他在俄国南部的庄园收入建立犹太农村定居点。金兹堡家族第二代继续把慈善事业做下去，曾把其拥有的欧洲最大图书馆捐赠给耶路撒冷犹太公共图书馆。

美国犹太商人施特劳斯从商店记账员开始，步步升迁，最后成为全国最大的百货公司之一的总经理，在20世纪30年代成为世界上首屈一指的巨富。他在事业成功过程中，也做了大量的慈善活动。除了关心公司职工的福利外，他曾多次到纽约贫民窟察访，捐资兴建牛奶消毒站；并先后在36个城市给婴幼儿分发消毒牛奶；到1920年，他捐资在国内外设立了297个施奶站；他还资助建设公共卫生事业，1909年在新泽西州建立了第一个儿童结核病防治所；1911年，他到中东的巴勒斯坦访问，决定将他1/3的资产用于该地兴建牛奶站、医院、学校、工厂，为犹太移民提供各项服务。

类似以上的例子还有很多很多，在此不再列举。犹太商人如此乐于做善事，有时也是一种生意经。他们大量捐资为所在地兴办公益事业，会赢得当地政府的好感，对他们开展各种经营十分有利。有些犹太富商由于对所在国的公益事业有重大义举，获得了国王的封爵，如罗斯柴尔德家族有人被英王授予勋爵爵位；有些犹太商人还获得当地政府给予优惠条件开发房地产、矿山、修建铁路等，赚钱的路子从中得到拓宽。

人是群居动物，人与人关系的运用，对事业的影响很大，政治家因得人而昌，失人而亡。企业家因供应的商品或服务为人所欢迎而发财。可见，一切活动都离不开人。犹太商人明白这个道理，在一切经营活动中，与人为善，把人与人的关系处理好，成为他们成功与致富的秘诀。

犹太商人的处世之道，是将人类内心深处所潜藏的欲望予以利用。他们认为，人类的内心都有被人注目、受人重视、被人容纳的愿望。所以，与人相处，一定要记住这一点，不管是对你的长官、同事、下属还是顾客、朋友及家人，要做到让他们知道你一直在关心他们。实现这一目的的办法，就是用善意的、亲切的、温和的态度与人交往，那么，对方也会以此相报。这岂不是达到了和谐相处的目的了吗？有了和谐相处的环境和气氛，你我之间就好商量和合作，做生意的条件也容易达成，这就是和气生财的道理所在。

下篇　经商智慧：
成为生意场上规则的制定者

做生意有做生意的规则，犹太人以生意场上的卓越表现成为规则的制定者。中国人常说"无商不奸"，如果把这里的"奸"理解为能算计、善于利用和创造一切机会、善于让投入产生尽量大的利润，那么无疑，犹太人是世界上最"奸"的商人。

第一章　善抓机遇是犹太人经商成功的最大驱动力

犹太人有一双天生的洞悉机会的眼睛和一双抓住机会的手。赚钱的机遇对大多数人来说都是平等的，但更多的人对机会视而不见，而犹太人却能够见微知著，发现机会的蛛丝蚂迹便再也不会放过。善于抓住机会的能力是犹太人庞大的财富机器运转的最大驱动力。

1. 机遇常在不经意间得到

机遇是什么？恐怕没有人能说清楚，但犹太人用自己的方式证明，机遇会以各种形式、在各种时候大驾光临，比如，你给别人的一次不经意的帮助。

柏年在美国的律师事务所刚开业时，连一台复印机都买不起。移民潮一浪接一浪涌进美国的丰田沃土时，他接了许多移民的案子，常常深更半夜被唤到移民局的拘留所领人，还不时地在黑白两道之间周旋。他开着一辆掉了漆的福特车，在小镇间奔波，兢兢业业地做律师。终于媳妇熬成了婆，电话线换成了4条，扩大了办公室，又雇佣了专职秘书。办案人员气派地开起了"奔驰"，处处受到礼遇。

然而，天有不测风云，一念之差，他的资产投资股票几乎亏尽，更不巧的是，岁末年初，移民法又被再次修改，职业移民名额削减，顿时门庭冷落。他想不到从辉煌到倒闭几乎是在一夜之间。

这时，他收到了一封信，是一家公司总裁写的：愿意将公司30%的股权转让给他，并聘他为公司和其他两家分公司的终身法人代理。他不敢相信自己的眼睛。

他找上门去，总裁是个只有40岁开外的犹太裔中年人。"还记得我吗？"总裁问。

他摇摇头，总裁微微一笑，从硕大的办公桌抽屉里拿出一张皱巴巴的5美元汇票，上面夹的名片印着柏年律师的地址、电话，他实在想不起还有这一桩事情。

"10年前，在移民局……"总裁开口了，"我在排队办工卡，排到我时，移民局已经快关门了。当时，我不知道工卡的申请费用涨了5美元，移民局不收个人支票，我又没有多余的现金，如果我那天拿不到工卡，雇主就会另雇他人了。这时，是你从身后递了5美元上来，我要你留下地址，好把钱还给你，你就给了我这张名片。"

他也渐渐回忆起来了，但是仍将信将疑地问："后来呢？"

"后来我就在这家公司工作，很快我就发明了两个专利。我到公司上班后的第一天就想把这张汇票寄出，但是一直没有。我单枪匹马来到美国闯天下，经历了许多冷遇和磨难。这5美元改变了我对人生的态度，所以，我不能随随便便就寄出这张汇票……"

世间自有公道，付出总有回报。尽管你在帮助别人时并没有预料到有一天会得到回报，但正是这种没有任何附加条件的付出会得到意想不到的收获。

2. 竭尽全力去追赶机会

《塔木德》里有一句话：哪怕只有1%的可能，只要你经过周密安排把握住了，你赚钱的机会就是100%。

仅仅花了6年时间,犹太人马克·奥·哈德林先生就由一名穷困潦倒的失业青年变成一个小有名气的百万富翁。

是什么使他如此神速地获得了成功?答案是他善于把握时机。

哈德林先生描述说,在他25岁的时候,看了一本名叫《我是怎样在业余时间把1000美元变成300万的》的书,好像看到了一个辉煌的世界,于是,他尽可能地了解有关投资和不动产的知识,一有机会便和从事房地产的朋友、亲戚聊天,暗暗为自己定下目标:在30岁时成为百万富翁。有一天,一个房地产中间商激动地告诉他一个投资少、收益惊人的买卖:一所坐落在中产阶级住宅区的现代式房子,维护良好,房况极佳,数一流建筑。房主出价14500美元,由于某些原因,她必须在一个月之内把房子卖掉。哈德林听后很是动心。经过还价,买卖双方谈定购买价为10000美元,尽管哈德林当时银行存款不足500美元,但他觉得这是一个不容错过的机会,即使万一筹不到这笔钱,也不过要付给中间商100美元酬金而已。

他毫不迟疑地和房主签了约,返身直奔城里最大的银行,以借款的形式得到了10000美元,付给了房主。

他又来到另一家银行,以新购的房产做抵押,贷款10000美元还清了第一家银行的借款。没几年,他的住户又帮他还清了第二家银行的贷款,就这样,马克·奥·哈德林先生很快成为了百万富翁。

在面对挑战时,你不能半梦半醒地等待着机会的自动降临,希望机会拿着一个大棒槌到你的面前,把你敲醒,然后对你说:"啊,朋友,快抓住我吧!"如果你能一碰到机缘就好好地加以利用,以后,你就会对于别的良机具有灵敏的感觉,你决不会让它们从你面前溜走;如果一个很好的机会从你面前经过,似乎马上就要溜掉了,只要你能马上去追赶它,或许还有可能把它捉回来。

3. 既要看眼前又要看长远

机会是靠眼光和耐心来争取的。同样一件事，在一个人眼里平常无奇，在另一个人眼里就是实现发财梦想的良机。

有一次，但维尔地方经济萧条，不少工厂和商店纷纷倒闭，被迫贱价抛售自己堆积如山的百货，价格低到 1 美元可以买到 100 双袜子。

那时，美国百货业巨子约翰·甘布士还是一家织造厂的小技师。他马上把自己积蓄的钱用于收购低价货物，人们见到他这股傻劲儿，都嘲笑他是个蠢材。

约翰·甘布士对别人的嘲笑漠然置之，依旧收购各工厂竞相抛售的货物，并租了一个很大的货仓来贮货。

他的妻子劝说他，不要把这些钱用来购买别人廉价抛售的货物，因为他们历年积蓄下来的钱数量有限，而且还要准备用做子女的教育费用。如果此举血本无归，那么后果不堪设想。

对于妻子忧心忡忡的劝告，甘布士笑过后又安慰她道：

"3 个月以后，我们就可以靠这些廉价货物发大财了。"

甘布士的话似乎兑现不了。

过了 10 多天以后，那些工厂见贱价抛售也找不到买主了，便把所有存货用车运走烧掉，以此稳定市场上的物价。

太太看到别人已经在焚烧货物，不由得焦急万分，抱怨起甘布士，对于妻子的抱怨，甘布士一言不发。

终于，美国政府采取了紧急行动，稳定了但维尔地方的物价，并且大力支持那里的厂商复兴。

这时，但维尔地方因焚烧的货物过多，存货欠缺，物价一天天飞涨。约翰·甘布士马上把自己库存的大量货物抛售出去，一来赚了一大笔钱，二来使市场物价得以稳定，不致暴涨不断。

在他决定抛售货物时，他妻子又劝告他暂时不要忙着把货物出售，因为物价还在一天天飞涨。

他平静地说："是抛售的时候了，再拖延一段时间就会追悔莫及。"

果然，甘布士的库存刚刚售完，物价便跌了下来。他的妻子对他的远见钦佩不已。

后来，甘布士用赚来的这笔钱开设了5家百货商店，业务十分红火。

如今，甘布士已是全美举足轻重的商业巨子了。

随波逐流的落叶，只能听天由命。它的前途，是完全由风向与流水决定的。然而，你却可以自己决定前途，不必老呆在静止不动的静水处。你可以向流水中央游去，乘着急流去寻找大的新机会，你所需要的，就是用自己的力量向着急流游去。

4. 抓住一次机会就能改变一生

机会对于每个人来说都是公平的，只是有的人没有留意，让机会悄然跟自己擦肩而过。犹太人中之所以有那么多富豪，这与他们善于捕捉机会、把握机会是有关的，有时一次机会就能彻底改变一个人的一生。

在追逐财富的路上，机遇会随时闪现在你面前，当你面临一次新机会，在斟酌得失之间，你或许惊喜，或许恐怖，惊喜的是这一机遇又让你看到成功的希望，恐惧的是担心自己能否把握住机遇，是否在这一机遇面前再次成为失败者。太多的思考只能让机会白白地流失，因此犹太商人在这方面又有其独到之处，那就是：只要认定眼前是一次机遇，就决不放过，纵有千难万险，也要尽最大努力去试一试。

因此，犹太商人的经验是：不仅要善于发现机遇，同时还要在机遇面前知道该如何去抓住它，把稍纵即逝的机遇变成财气。

天上掉馅饼的事情可能会有，但它不一定偏偏就掉在我们头上。要想获得成功，只有辛勤地去耕耘、去工作。

机遇是自己播种的，不是天上掉下来的。

蜘蛛为了捕获猎物，总是先织好网，等待猎物到来，这是把成功的机会掌握在自己的手上，这就是"蜘蛛精神"。

常有人发如此感慨："如果给我一个机会，我也能成功。"他们把自己的命运放在一个等来的机会上，他们成天地抱怨自己的命运不济，当然总也不会成功。

没有人会主动给你送来机遇，机遇也不会主动来到你的身边，只有你自己去主动争取。犹太人的观念是：有机会，抓机会；没有机会，创造机会。

生活中并不缺少机遇，而是缺少发现机遇、抓住机遇的能力。如果有了这些能力，即使生活中没有机遇，也能创造机遇。

同样是两个人，面对同样的状况，一个看到的是"失望"，一个看到的是"机遇"。可见，有的人就是机遇摆在他面前也不知道，而有的人就连别人看不到的机遇也能发现。前者总是埋怨没有机遇，最终一事无成。

善于把握机遇的人总有一双敏锐的眼睛，时时刻刻洞察着机遇。大家都看过关于泰森打擂咬耳丑闻的报道。许多人看过去就算了，最多把它作为茶余饭后的谈资而已，谁能意识到这就是个发财的良机呢？美国的一个犹太商人在咬耳丑闻发生之后，赶紧推出了一种形状像耳朵的巧克力，上面缺了一个小角，象征着被泰森狠咬的霍利菲尔德的那只著名的耳朵，巧克力包装上还有霍利菲尔德的大照片。此举立刻使这个牌子的巧克力备受世人关注，在许多品牌的巧克力中脱颖而出。那位犹太商人就这样发了大财。泰森咬耳丑闻，全世界十几亿甚至几十亿人都知道，但是发现这个发财良机的只有这个美国犹太商人。

在商场上，要想拿到红利，必须先拿钱投资。同样，想获得机会，则必须先有所牺牲——牺牲自己的时间、收入、安定的生活和享受等等，随时全神贯注地做好准备，一有机会出现，就牢牢地把握住它。但是有的人创业致富常常是靠运气。而运气不是机会，不要把两者混淆，否则就会做出错误的判断，招致损失。

现实生活中，人类的每一项活动，人际间的每一次交往，报刊上的每一篇文章，工作上的每一次得失等等，都可能给你带来新的感受、新的信息、新的朋友，可能是一次选择，一次机遇，是一次引导你走向成功的契机，问题在于你是否能发现每一次机遇。不要以为机遇难寻，其实机遇就在我们身边，甚至就在我们手上。

第二章　明白细节决定成败的道理

犹太人之所以成为生意场上的英雄，是因为他们集许多优秀的商业素质于一身，这包括机遇面前雷厉风行的作风，也包括关注细节、从小事出发解决问题的行事风格。在竞争激烈的商场，细节决定成败的说法决不是危言耸听，犹太人可谓深得其中真味。

1. 在细节处分出高低

犹太人的经典著作《塔木德》中说："在财富面前，每个人都是平等的，没有任何高低贵贱之分。"

在一个又脏又乱的候车室里，靠门的座位上坐着一个满脸疲惫的老人，身上的尘土及鞋子上的污泥表明他走了很多路。列车进站，开始检票了，老人不紧不慢地站起来，准备往检票口走。忽然，候车室外走来一个胖太太，她提着一只很大的箱子，显然也要赶这班列车。可箱子太重，累得她呼呼直喘。胖太太看到了那个老人，冲他大喊："喂，老头，你给我提一下箱子，我一会儿给你小费。"那个老人想都没想，拎过箱子就和胖太太朝检票口走去。

他们刚刚检票上车，火车就开动了。胖太太抹了一把汗，庆幸地说："还真多亏了你，不然我非误车不可。"说着，她掏出1美元递给那个老人，老人微笑着接过。这时，列车长走了过来："洛克菲勒先生，你好，欢迎你乘坐本次列车，请问我能为你做点什么吗？"

"谢谢，不用了，我只是刚刚做了一个为期3天的徒步旅行，现在我要回纽约总部。"老人客气地回答。

"什么？洛克菲勒？"胖太太惊叫起来，"上帝，我竟让著名的石油大王洛克菲勒先生给我提箱子，居然还给了他1美元小费，我这是在干什么啊？"她忙向洛克菲勒道歉，并诚惶诚恐地请洛克菲勒把那1美元小费退给她。

"太太，你不必道歉，你根本没有做错什么。"洛克菲勒微笑着说道，"这1美元，是我挣的，所以我收下了。"说着，洛克菲勒把那1美元郑重地放进了口袋里。

真正的大人物，是那种身居高位仍然懂得如何去做平常人的人；真正的大人物，从来都是和平常人站在一起的人。

2．在细节处节省金钱

世界上流行这样的说法："犹太人是吝啬鬼。"也就是说犹太人对金钱十分吝啬，花钱的时候极为小气。犹太人为自己的吝啬感到高兴，因为作为商人，对物品的斤斤计较与对金钱分分毫毫的计算和利用是商人职业的本能反映。对犹太人来说，这简直是对他们精明投资的一种褒扬。

节俭是犹太人的特点。犹太人特别是犹太商人不管多么富有，决不会随意挥霍钱财。在宴请宾客时，以吃饱吃好为原则，不会讲排场乱开支；在生活中，以积蓄钱财为原则，不会用光吃光，手头空空的。犹太人测算过，依照世界的标准利率来算，如果一个人每天储蓄1美元，88年后他可以得到100万美元。这88年时间虽然长了一点，但是如果每天储蓄2美元，那么在10年、20年后，很容易就可以达到100万美元，因为这种有耐性的积蓄会得到利用,并由此得到许多意想不到的赚钱机会。我们再来看一下洛克菲勒的故事。

当洛克菲勒有了一些积蓄的时候,他开始自己创业。由于刚开始步入商界,经营步履维艰,他很快就花完了好不容易积攒的一点钱。后来他从一本书中的"勤俭"两字受到启发,将每天应用的钱加以节省储蓄,同时加倍努力工作,千方百计地增加一些收入。这样坚持了5年,他积存下800美元,然后将这笔钱用于经营煤油。在经营中他精打细算,千方百计地将开支节省,把盈利中的大部分储存起来,到一定时间再把它投入石油开发。照此循环发展,他如滚雪球一般使其资本越来越多,生意也越做越大。经过30多年的"勤俭"经营,洛克菲勒成为北美最大的三个财团之一,其财团下属的石油公司年营业额可达1100多亿美元。

努力挣钱是行动,设法省钱是节流的反映。巨大的财富需要努力才能追求得到,同时也需要杜绝漏洞才能积聚。

犹太人有句格言这样说:花1美元,就要发挥1美元100%的功效,要把支出降到最低点。

洛克菲勒成为亿万富翁以后,他的经营管理也是以精于节约为特点的。洛克菲勒对部下的要求是提炼一加仑原油的成本要计算到小数点后的第3位。每天早上他一上班,就要求公司各部门将一份有关成本和利润的报表送上来。多年的商业经验让他熟稔了经理们报上来的成本、开支、销售以及损益等各项数字,他常常能从中发现问题,并且以此为指标考核每个部门的工作。

1879年的一天,洛克菲勒质问一个炼油厂的经理:"为什么你们提炼一加仑原油要花19.8492美元,而东部的一个炼油厂干同样的工作只要19.849美元?"

这正如后人对他的评价:洛克菲勒是统计分析、成本会计和单位计价的一名先驱,是今天大企业的"一块拱顶石"。

可见,对金钱除了爱之外,还要惜,也就是说,除了想发财外,还要想办法保护已有的钱财。犹太人的这些金钱观念是很有道理的,这是犹太人经营致富的一个奥秘。犹太富商亚凯德说:"犹太人普遍遵守的发财原则就是不要让自己的支出超过自己的收入,如果支出超过收入,就是不正常的现象,更谈不上发财致富了。"

很多犹太老板对开支都是精打细算,为的就是尽量降低成本,减少费用。他们总是说:"要把1美元当做2美元来使用。如果在一个地方错用了1美元,并不只是损失1美元,而是花了2美元。"

犹太人的用钱原则就是这样,只把钱用在该用的地方,他们认为不该用的地方,是1分钱也不会花出去的。洛克菲勒说过:"对钱财必须具有爱惜之情,它才会聚集到你身边,你越尊重它、珍惜它,它越心甘情愿地跑进你的口袋。"

犹太人认为,不要把支出和各种欲望混为一谈。各人的家庭都有不同的欲望,可是这些欲望是各人的收入所不能满足的,因此,切不可把自己的收入花在不能满足的欲望上面,因为许多欲望是永远不能满足的。

欲望好像是野草,农田里只要有空地,它就生根滋长、繁殖下去。欲望也是如此,只要你心里有欲望,它就会生根繁殖。欲望是无穷无尽的,但是你能做到的却微乎其微。人们要仔细研究现在的生活习惯,因为即使有些支出是必要的,但是经过思考之后这些支出也是可以减少或者取消的。别以为亿万富翁有那么多的金钱,一定可以满足自己的每一个欲望,这种想法是不正确的。作为亿万富翁,他的时间有限,精力有限,能到达的路程有限,吃进胃里的食物有限,享乐范围当然也有限。

一个人的欲望是无穷无尽的,这些欲望是永远都不会完全满足的,如果把自己的收入花在不能满足的欲望上面,就会陷入欲望的无底洞中，永远不会积累资本并发财。

这就是犹太人，他们善于提防金钱的损失。《塔木德》说："金钱容易引发意外，任何人对待金钱都要谨慎，否则就要损失金钱。先要学会看管少数金钱，然后才可以管理更多金钱，这是最聪明的提防金钱损失的办法。"当似乎可以获得大批金钱的投资机会出现时，有些人被它所迷惑，**蠢蠢欲动参加投资**，那是可能导致金钱损失的。

3. 把握了细节也就把握住了运气

犹太商人非常留意生意场上的每一个细节，这是他们把运气变成财气最有效的方法之一。曾经有一家犹太人经营的服装公司——"李维·施特劳斯公司"，靠运气促成一场服装革命——牛仔裤的风行全球。

"李维·施特劳斯"这个犹太人的名字现已被收入英国辞典，如今生活中牛仔服饰已经是很常见的了，然而这个服装文化的源头，几乎成了神话般的传说。

公司的创始人李维·施特劳斯本来并不是个服装商，虽然当时美国服装行业是犹太人占支配地位的行业，一度男装市场的85%、女装的95%，都是来自于犹太人的服装厂。

19世纪中期，美国加利福尼亚一带曾出现过一次淘金热。为了赚钱，年轻的李维·施特劳斯也跟着去了加利福尼亚，但为时已晚，从沙里淘金已到了尾声，淘金已是很难的生意，但他却"从斜纹布里淘出了黄金"。

施特劳斯去的时候随身带了一大卷斜纹布，想卖给制帐篷的商人，赚点钱做淘金资本。可是到了那里却发现，工地的人们不需要帐篷，却需要牢固耐穿的裤子，整天同泥和水打交道，裤子坏得特别快。于是，这一不经意的细节触动了施特劳斯的灵感，经过几次拼合剪裁，就诞生了施特劳斯的第一条牛仔裤。10年以后，他又发现牛仔裤的口袋最容易磨损，他又让设计人员特制了铜纽扣，以增强口袋的牢固度。此后，施特劳斯开始大批量生产这种新颖的裤子。这一个很小的细节的改变极大地拓宽了牛仔裤的市场，牛仔裤不仅成为做体力活的工人的工装，而且开始在城市中流行，销路极好，引得数以百计的其他服装商竞相仿效。但施特劳斯的企业一直独占鳌头，每年约售出100万条这种裤子，年营业额达5000万美元。

1902年，老施特劳斯去世后，4个外甥接下舅舅的公司，他们按舅舅说的去做，经营得不错，公司不断发展，业务范围也随之扩大，机会也不断地涌现出来。于是，他们又开始经营呢绒、裤子、毛巾、被里、床单和内衣。到第二次世界大战结束，这些商品的营业额已接近公司总营业额的一半。1946年，为了保持公司的传统项目，外甥的儿子瓦尔特·哈斯·耶尔决定将公司的全部资金用于生产高品质的牛仔布料。这种由10股3号棉纱织成的布料已获得国家专利，专门为李维·施特劳斯公司生产。

哈斯的决定也同样是来源于一次生活的体验。一天，他在一个酒店里喝香槟，邻座是一对热恋中的情侣，女的身穿施特劳斯公司生产的牛仔裤，男的不停地赞美她，"你穿牛仔裤很好看，如果这种裤子能把你那美妙修长的曲线凸显出来，那就是再好不过了。"哈斯留下了他们的通讯方式，飞一般地跑回公司，不到一个月时间，这种新型牛仔面料诞生了。后来他把用新布料生产出来的第一条牛仔裤免费送给了那对在酒店中偶遇的情侣。哈斯并不是有意识地想改变公众的品味或穿着习惯，也未曾预见到这一细节竟引发了一场服装革命。

当初，他只是做出了一项经营决策，更准确地说，他只是想通过此举"博"一下，输赢在此一举，看新布料能否取胜。结果运气变成了财气，他赢了，而且是极大的成功。

用这种新布料生产的牛仔裤特别有助于显示出人的体形，充满青春气息，上市后就大受欢迎并且迅速占领了市场，进入20世纪60年代后更是大行其道。一则因为60年代正值"二战"结束后出生的一代踏上社会，人口出生高峰出现后成长的第一代，一时间给整个美国社会带来了一股青春文化的气息，年轻人成了消费市场的大头，洋溢着青春气息的牛仔裤自然独领风骚。二则60年代正好是个反叛的时代，传统规范和价值观念受到年轻人的怀疑、抨击甚至唾弃，而牛仔裤以其不拘形式这一明显的特点，成了最能体现时代潮流的服装。

这一变革之所以称为"服装革命"，有两方面的原因。

其一，使牛仔裤成了青年一代的制服，也成了一切想"混迹于"年轻人中的人所热衷的服装。

其二，使一切不想让自己显得保守古板的人穿上牛仔裤，终至被一位总统大摇大摆地穿进白宫去。

这场服装革命带来的直接后果是，它从不同方向使服装不再能显示穿着者的身份。如果说，原先批量生产的服装使一个公司的推销员穿得像总经理一样提升人的品位和形象，而牛仔裤却使总经理穿得像推销员一样。但人们并不轻贱穿牛仔的人，而且牛仔裤不分性别，男人女人穿得完全一样。牛仔裤也没有新旧之分，甚至旧的更好。这又是一个奇迹，服装史上第一次出现了"生产旧裤子，甚至破裤子"的工厂，那经过磨损、褪色和打过补丁的牛仔裤，却更好销，价格也更高。

本来，瓦尔特·哈斯·耶尔的这一改换布料的细节只不过是利用服装行业的一般冒险行为以扩大自己的营业额而已，结果却难得地抓住了一个延续半个世纪还方兴未艾的时尚机遇，如果从老李维·施特劳斯的第一条牛仔裤算起，这个产品已经走过一个半世纪了。在一个批量生产的时代能找到一个能为如此长的时间、如此大的范围、年龄差异如此之大的消费者所接受、所喜爱的商品，确实可以说是一个天机。

在李维·施特劳斯公司150年的发展历程中，几次重大的变革都是领导者善于发现细节，把握细节，这其中虽然有运气的成分，但这运气也只有精明的商人才能把握。绝大多数的犹太商人就是这样在不断的发现过程中赢得财富的。

4. 盯紧女人觅商机

从哪里赚钱最容易？犹太人的答案是：盯紧女人的口袋。因为通过对生活的观察，他们发现一个很普遍而一般人又不注意的细节：挣钱的是男人，花钱的是女人。

这一点我们可以从犹太人的历史中窥见一斑：

犹太人的历史告诉我们，男人工作赚钱，女人使用男人所赚的钱维持生活、传承文化、繁衍后代。所谓经商法，就是要席卷别人的钱。所以不论古今中外，要想赚钱就必须"进攻"女人，来夺取她们所持有的钱。所以，"盯紧女人的口袋"就成为犹太人经商的格言之一。

具有常人以上经商才能的人，如果瞄准女人经商，必会成功。反之，经商如果想赚男人的钱，则较以女人为对象要困难10倍以上，因为男人虽然能赚钱，但大多数就没有持有金钱，更清楚点讲，就是没有消费金钱的权利。从这一点看来，以女性为对象的生意容易做。

比如那些闪亮发光的钻石、珠宝、戒指、别针、项链、豪华的女用礼服以及高级女用皮包等商品，都附带有相当高的利润，在等待商人们来运作，只要商人把握这一切，就会赚得满皮包的钞票。因此，做生意一定要掌握这一点，只有打动女人的心，才能使生意成功。

男人和女人相比较，他们在花费上有许多区别。拿花钱这一日常行为来说，男人会花两元钱去买价值1元钱的他所需要的东西；而女人则会花1元钱去买标价两元钱但并不是她需要的东西。这个区别暗示女人比男人能花钱，比男人会花钱，而且这似乎是所有男人和女人的共性。

犹太人千百年来的经商经验是，如果想赚钱，就必须先赚取女人手中所持有的钱。相反，如果经商者想清洗男人兜里的钱，拼命"瞄准男人"，做生意则注定会失败。因为在花钱方面似乎所有的男人都是听女人的。

历史上，犹太商人经营的业务，有不少就是以女性为对象的。犹太商人就是瞄准了这个市场，获得了比别人更大的利润。

犹太人给女人们献上的第一件"礼物"就是钻石。

以色列不产钻石，南非才是世界上最主要的钻石原料产地，但以色列却是世界上最大的钻石加工地，其年营业额已突破40亿美元，占全世界钻石加工总量的6成以上。

梅西公司的创始人犹太人史特劳斯之所以能够结束打工生涯并自己当上老板，就是因为他发现独来独往的顾客中女性居多，即使男女结伴购物，购买的决定权仍然操纵在女性手中。

史特劳斯准确地把握了这一契机，纽约街头第一家女性用品专营店于是开业了。一开始，他经营的是时装、手袋和化妆品，几年之后，增加了钻石和金银首饰等业务。他在纽约的梅西百货公司共有6层展销铺面，其中女性用品占了4层，展卖综合商品的另外两层中也有不少商品是专为女性而摆设的。同样是百货公司，梅西公司的利润远远高于它的同行。

"我盯住了一大群女人，"史特劳斯后来感慨地说，"我的店员全部盯上了她们。"

梅西公司从一家小商店开始起步，经过30多年发展，现已成为世界一流的大公司，这样的事实雄辩地说明了"盯紧女人能发财"。

牢记着"盯紧女人"，信奉犹太文化的佐藤成了世界上"女性生意经"方面的高手。

佐藤博士开始在繁华的东京银座开了一家百货店，但开业两三年了，生意一直冷冷清清。为此，他请教一位犹太朋友。这位犹太朋友只送了他4个字——"盯紧女人"。

回到自己的百货店，佐藤博士开始认真观察起顾客的特点来，真的发现了"盯紧女人"的必要性：女性顾客占顾客总人数的80%左右，即使是男人来逛商店，大多也是给妻子购物或者陪妻子购物。同时发现白天来的多为"家庭大嫂"族，下午5点半后来的多为"上班丽人"族。

这一发现让佐藤博士兴奋不已，于是他将营业对象锁定在女性身上。他果断地决定为女性顾客腾出全部的营业面积；把营业时间一分为二，白天针对家庭妇女，摆设衣料、厨房用品等家庭生活必需品，晚上则全部换上针对上班丽人族的时髦用品，将朝气蓬勃的气息带到商店，以便迎合那些年轻的女性，如名贵香水、精美内衣、超级迷你用品等等，仅女性袜子就摆置得琳琅满目，不下百种。

新招出奇效，佐藤博士商店的顾客很快多了起来，以致营业面积日显不足。这时他果断决策：商店专营女性内衣及袜子。

佐藤的女性内衣及袜子专营店就这样迅速开业了。

由于专营店可供顾客选择的品种丰富，款式流行，尤其是"节省衣料"的性感内衣使女人更具魅力，满足了日本女子在家穿着暴露以吸引丈夫或男朋友的需要，再加上专营店也有价格优势，佐藤的商店一下子销路大开。

不久，佐藤专营店在日本各地都设了分销点，一年后达到了100多家，基本引导了全日本的女性袜子和内衣市场。

佐藤在长期跟女性消费者打交道的过程中积累了丰富的经验，他把女性消费者的特点或者弱点概述如下：

（1）原价100元的东西降价为98元，三位数降到两位数，女人的感觉便是便宜多了。

（2）只要某广告提到某厂商正在某地举办大拍卖，大多数女人就甘愿花 20 元的车费去购买一样只便宜 10 元钱的东西。

（3）3 个苹果 60 元，女人们大多知道一个苹果 20 元；3 个苹果 50 元，大多数女人为知道一个苹果的价格，往往会掏笔演算一番。

（4）女人比男人喜欢触摸。女人的触摸往往表现为一种自发行为或暗自揣测。若没有摸一摸、揉一揉衣物，女人是绝对不会下决心购买的。其他商品也是一样。不可品尝的食品，女人也要用手捏捏，以鉴定其品质。精美的商品被不透明的纸袋精美地包装着，女人们往往不敢做购买的尝试。

（5）与其大费口舌地向女人推销，不如让女人摸一下、看一下，因为女人都喜欢自己的亲身体验。

佐藤在摆放商品时，为吸引女人，还总结了下面 9 大规律：

（1）大的东西比小的东西醒目。
（2）动态的物体比静态的物体醒目。
（3）色彩鲜明的比色彩晦暗的醒目。
（4）背景色协调的比背景色杂乱的醒目。
（5）圆形的比方形的醒目。
（6）人比物醒目。
（7）外国的比本国的醒目。
（8）与顾客有关联的比与顾客无关联的醒目。
（9）女人美丽的容颜男人爱看，女人也爱看，是最醒目的。

这同样适用于女性商品广告。

盯住女人的结果使佐藤成了日本最著名的富商之一。

如今，"女性用品商店"、"女人街"散布在世界各地的繁华街道和市井胡同，犹太商人盯紧女人需求的细节处做生意的秘诀已被千千万万的商人破译，为他们带来了高额的利润和丰厚的回报。

第三章　先学会理财才有可能发财

犹太人的理财能力与其发财的本领一样值得称道，他们始终能做到的一点是：收多少，支多少，心里要有数；赚多少，亏多少，脑子要常计算。正因为对手里的钱、别人的钱和可能赚、可能赔的钱都能计算清楚、心里有数，犹太人才会做到吃小亏占大便宜。

1．制定全面的理财计划

犹太人的理财规划是为了达成个人目标所做的一种财务管理，主要项目包括以下几种：

（1）现金流量管理与预算；

（2）风险管理与保险；

（3）税；

（4）投资；

（5）退休；

（6）遗产规划。

以上各项目都会互相影响，因而一个完整的财务规划必须结合这6个项目综合考虑。

比如，人寿保险上的钱就不能拿来作为退休金用。理财规划帮助你根据事情的轻重缓急决定金钱的运用方式。理财规划就像旅行，你首先要知道自己想去哪里，并按既定规划，以最顺利的方式到达目的地。

大部分人在做理财规划时，并非考虑全盘的情况。有一个理财规划专家说，他的客户通常来找他"治疗一个特定的毛病"，像要存多少钱以备退休之用，如何买房，做哪一类的投资可兼顾成长与安全等。

然而，如同身体的健康要靠适当均衡的饮食、运动及良好的物质与精神环境，定期的健康检查来配合一样，财务上的健康也需要你对这6个项目的规划投注心力。你的资源如何分配到每个项目中，取决于你的年龄、目标、生活方式、风险忍受程度、收入、财产以及个人欲望，理财的目的就在于将可用的资金导入那些最迫切需要的项目中，如此一来，你可以获得财务上的安全感，而且这个感觉是有事实依据的。

随着专业能力的改善，越来越多的人请理财规划专家帮忙。同时，低廉的电脑硬件与容易使用的软件，也使许多现在只有财务顾问使用的技术得以普及，因此，你将可以轻易地执行财务计划中机械性的计算部分。

注意，非专业的亲戚朋友所提供的理财建议不一定可靠，即使他们是善意的，而且并未夸大其辞，也不可以全部采纳。过去对他们行得通的投资，将来未必仍旧是好的投资。此外，你的财产是否与亲戚朋友的一样多？你们的年龄相仿吗？你们的目标是否类似？这些问题大概你都无法回答。你们可能从来没有讨论过这些问题。所以，对自己朋友有利的理财规划策略未必就适合自己。

不要相信社交场合中有关投资的"马路消息"，那类场合绝非是获得投资消息的好渠道，有潜力的投资必须是经过研究分析，并且是比较过风险、报酬率、经济与市场状况的。

有些客户常常打电话来向你询问听说到的某一个很赚钱的投资。经过调查后，你会发现这些公司多半不是上市公司，股票并不流通，或者公司接近停业状态，没有任何财务资料可提供，或者公司的财产、管理以及前景有问题。假如你不详细研究这些投资的话，最好还是不碰为妙。

即使对专业人员来说，研究一项新的投资都很不容易，何况对于没有主要研究渠道的个人投资者而言，判断它的价值就更困难了。除非你确信亲戚朋友有专业知识，或投资眼光特别敏锐，而且非常了解你的需要，否则不要随便听信亲戚朋友的话，不要勉强自己去做听起来不对劲的事情。

既然不能轻信别人的话，那么自己就必须有清醒的头脑去做好理财。

2. 理财要有目标

犹太人说：既会花钱，又会赚钱的人是最幸福的人，因为他享受两种快乐。

其实，正确的理财观念并非以累积越来越多的财富为目的。在赚钱之前，应该有一个大致的目标。我赚钱用来干什么？这便是理财的目的，理财只是为达到这个目的的一种手段。

常有人整天眯着眼睛考虑："有没有什么办法赚大钱。"越是这样的人，越不容易赚到钱。

有人去问一位著名的富翁："什么是生财之道。"那位富翁反问："我可以教给你，不过，你可否告诉我，你赚到钱之后，准备用来做什么？"一般情况下求教者会说："我也不知道，因为我从来没发过大财。"富翁说："那怎么行？发财之后要到墨西哥的哥阿卡普可港去玩一趟，赚了钱以后要买房子、买汽车……预先有个详细的目的，这就是赚钱的规则。"

要想赚大钱，成功的要诀是及早发现"赚钱并不是目的，而是一种手段。"预先定好一个目标，再谈赚钱的计划。如果只是糊里糊涂地为钱卖命，那又何谈赚钱的意义？

尤其是年轻人，必须给自己订立赚钱之后的计划，并学会用钱。

当然，赚钱之后不一定完全按计划行事，计划也不可能十全十美，但是，起码的计划是必要的。

理财有了一个总的目标之后，还要根据具体情况确立不同时期的目标，就一个人的一生而言，在不同阶段生活的重心和重要方面是不一样的，其理财目标也不一样，根据这个标准，我们可将人生分为以下几个阶段，各个阶段的理财目标也随之变化。

（1）独身期

从正式就业起至结婚前的一段时间，称为独身期。独身期大概从20岁左右开始。在独身期内，要进行的一项重要的投资就是：将收入的一部分存入银行。开始应存活期，因为该项存款流动性很强，可以帮助应急。当活期存款达到较大数额时，可着手存定期以获取较高的利息。储蓄不仅可保障未来的生活，而且也可为你进入其他获利较高的领域奠定基础。

如果有了一定积蓄后，近期又不想结婚，那么将多余的钱用于较高风险的投资，将是一件很有意义的事。因为青年时期是人一生中最冲动、最爱冒险的时期，思想、家庭负担都较小，从事有一定程度风险的投资，既可以考验自己的实力，又能给生活增添一份挑战，何乐而不为呢？许多成功的投资者都是从青年时期就开始写下辉煌的篇章的。

（2）家庭成长期

这是结婚后至孩子受完教育所历经的一段时期。在这个时期，一方面，家庭开支，尤其是孩子的抚养及教育费用将逐年增加，因而必须存一笔较多的钱用于应付日常各项开支，最好不要将之用于其他投资。另一方面，收入基本呈稳步上升的趋势，投资方面的知识也逐年丰富，因而这个时期是从事个人投资的黄金时期。此时，可对你偏好的一些投资做一番尝试，寻找出自己所擅长的投资工具。

（3）家庭成熟期

就是你的子女受完教育至自己退休的这段时期。在这一时期，你的职业收入基本稳定，不会有太多的增长，但固定开支也明显减少。你此时的投资可根据前半生的投资经验而定。

（4）退休期

这是退休后的时期。在这段时期，家庭的许多开支，尤其是医疗方面的开支将逐渐增多。由于生理的因素，应避免风险高、时间长的投资，而应投资在时间短且收益稳定的资产市场上，好好运用、安排过去积累的财富，过一个舒适的晚年。

在人生的不同阶段，理财的目标也不一样，各种目标有主有次，因此在设定理财目标时必须注意：

（1）此刻所处的阶段和具体情况；

（2）要达到的理财目标；

（3）如何达到理财目标。

只有将这三个问题弄清楚后，才能制定出切实可行的理财目标。

当然，目标只是一个假设可以达到的位置，因环境的变迁，有时就算是人生的目标也要随环境的变化而做出修订，理财目标当然不可能一成不变，也要随个人环境因素的变迁而随时体察实情做出合理的修改，这才是有弹性的、灵活的理财方式。不过在弹性之下，理财目标的修改也应有一个限度，如果今日打算在52岁退休时希望可以储蓄15万，明天却做出大幅修改，希望32岁退休，到时可储蓄50万。这种荒诞的修订，会远离合理理财所应有的弹性程度。那些被经常改得面目皆非的理财目标如同儿戏，而不是理财方法。理财目标在今日改、明日又改的情况下之下，将永远无法达到。

成功地理财，就是制定合理可行的目标贯彻执行，而在相互适应的前提之下，做出合理的修订，最终达成目标。

3. 改正错误的消费习惯

犹太人信奉这样一条关于金钱的箴言：在你养成消费的习惯之前，必须先知道怎么处理你的金钱。

通常在人们还没改变消费习惯之前，是不会开始储蓄的，除非你能增加所得，否则要多存一点儿，就必须少花一点儿。以下是7个错误的消费习惯：

（1）冲动的消费

你是不是一个冲动的消费者？如果是，必须先来算算这个习惯的成本。试想如果每一周都冲动地买个价值15美元的东西，一年下来得花780美元。当然，偶尔还是要慰劳一下自己，但也不要太过分。如果经常有别人陪着购物，并且还鼓励你去买超过预算的东西，那么，最好还是自己一个人去购物。

（2）用循环信用购物

大部分信用卡的循环利息为14%～21%，所以信用卡是很昂贵的。一台4000元的电视机如果用利率15%的贷款购买，3年下来会值4900元，也就是说，总价会超过约用现金购买的25%。如果一定要用信用卡，将消费的余额越快偿清越好。

（3）消费的时间不恰当

买刚刚才送到商店里的衣服或当季的货品，是很昂贵的。事实上不久后，商品的价钱就会降下来，特别是在销售情形不佳的季节里。其实可以等到新产品（如计算机、电脑和电子设备等）上市后开始降价时再买，可以替自己省下不少钱。

（4）安慰型消费

有些人以花钱作为武器，抒解自己的压力或沮丧的心情，譬如说，如果对另一半发脾气，他们就会跑到最近的购物中心去大肆消费，以作为对另一方的一种惩罚。这是相当愚蠢的。

（5）买"错"了东西

货比三家可以省钱，如果你想要买家用器具，参考一下《消费者导报》之类的刊物，其中有各种品牌、形式和等级的说明介绍。有些百货公司自营商品的品质，事实上和某些名牌是同质品，因为它们都是由同一家制造商所制造的。

（6）买个方便

省时的速食代价不菲，譬如说，一个知名品牌的冷冻面条，要比同样分量的一般面条贵上 2~5 倍的价钱。另外，所谓便利商店的东西也是比较贵的，因为它们的货物加成费用要比超级市场里的高。如果经常在便利商店购物，一年下来，两者的消费金额相差会有千元以上。另外一个高成本的便利服务项目，就是很多旅馆饭店所提供的电话接线生的服务，应该尽量避免使用，不如通过长途电话公司自动拨接的方式打电话省钱。

（7）买个身份地位

信用卡使用上的方便，常会使人立即当场就购买商品或服务。有些人在和朋友或亲戚比较物质生活时，会昏了头。在很多人的心目中，金钱和占有就等于成功。追求身份地位的人，会去买较贵、较好的东西，要靠家里住房的大小或者是衣服的品牌标签，来证明他们比别人更成功。这是种盲目虚荣的表现。

4. 不要总犯理财错误

犹太人认为最常见的错误就是人们认为只有在富有之后才谈得上理财，实际上刚好相反：理财是致富的前奏，你不事先理财就永远不会富有。

理财规划常常被认为是必须要累积很多钱之后才去做的事，事实上每个人都需要一些理财计划，不论是自己定还是请人帮你准备。下面为你列出了33种常犯的理财错误，可以帮助你避免重蹈覆辙。

有些人不进行理财规划，是因为他们不知道如何找寻理财顾问帮忙，解决这个问题的方法就是去货比三家，多拜访一些理财专家，直到你认为找到了可胜任、诚实、有经验和让你放心的人。很多理财顾问的初次咨询是免费的，如果投缘，你通常可以在电话上交谈。

当然最有效的是从现在就开始学习理财知识。

人们常犯的理财错误包括：

（1）没有目标与计划；

（2）太晚规划长期的目标；

（3）认为自己无法实现理财目标；

（4）不正确或不实际地估计生活费用或各项理财目标的期望值过高；

（5）不知道钱是怎么花掉的；

（6）紧急预备金不够甚至没有；

（7）粗劣的记账内容；

（8）没有去追踪储蓄或投资的表现如何；

（9）不知道所有的存款和投资将会有哪些风险；

（10）将钱放在跟不上税赋和通货膨胀率的低利率存款中；

（11）不适当的资产分散；

（12）进行不了解或不符合自己风险承担程度的投资；

（13）对投资过于感性或情绪化，而未能考虑所有的事实情况；

（14）从不运用借贷的钱于投资上；

（15）太过依赖理财专家；

（16）当有需要时却不寻求理财建议；

（17）挥霍一笔意外之财；

（18）对房屋或其他贵重物品投保不足；

（19）买不适当或不适合的保险；

（20）没有贷款、房贷、信用卡和买保险、买股票的概念；

（21）没有建立个人的信用；

（22）花钱混乱，有一点儿花一点儿，从不循环使用；

（23）所得收入必须用来偿还大量债务；

（24）未能合法地节省所得税；

（25）未能充分利用节税的投资；

（26）不正确地预缴所得税；

（27）没有为子女存钱；

（28）不正确地与人共同持有财产；

（29）有关钱的事情与家人缺乏沟通；

（30）空想有人将来会照顾你（例如家人或政府）；

（31）忽略了金钱的时间价值；

（32）未能在理财规划的专题上吸收新理念；

（33）有拖延的习性。

在这些问题中，拖延是最重要的一个问题。当没有财务危机发生，不需立刻采取行动时，一般人就会很容易地拖延，并且忽视理财规划的需要，等到要用钱时，就感到生活的重压几乎让人难以承受。

大部分人宁愿过着日复一日的生活，也不愿意去应付一个遥远而未知的将来。况且，理财计划也不都是好玩儿的，有时候它包括买辆新车或一次加勒比海旅游，但同时它也包括死亡、失踪和紧急事故在内的财务计划。

　　理财是一件严肃的事情，不慎重对待理财的人必不能慎重地对待生活。

　　最后一个抑制理财规划的态度是：纵使因为通货膨胀而逐渐丧失购买力，也不愿意把钱放在保障最低利息以外的投资工具上。有些人害怕犯错，他们拒绝学习有关个人理财的知识，宁愿继续以不懂为托辞，或干脆以不行动来避免做决定的压力。这是错误的，生活将教育他们必须学会理财。

第四章 敢冒大风险才有大回报

风险与回报一般是成正比的,这个道理谁都懂,但在面对有赔光家底的风险时,即便有再大的利益诱惑,恐怕多数人都不会轻举妄动。但犹太人在这方面却魄力非凡,如果是看准了的事情,他们是会不惜一切代价的。

1. 做别人不愿干的事情

别人不愿干的事情前景不明朗,自然有风险,但是巨大的回报也正是在这风险之中。

1916年,初涉股市的霍希哈以自己的全部家当买下了大量雷卡尔钢铁公司的股票,他原本希望这家公司能走出经营的低谷,然而,事实证明他犯了一个不可饶恕的错误。霍希哈没有注意到这家公司的大量应收账款实际已成死账,而它背负的银行债务即使以最好的钢铁公司的业绩水平来衡量,也得30年时间才能偿清。

结果雷卡尔公司不久就破产了,霍希哈也因此倾家荡产,只好从头开始。

经过这次失败,霍希哈一辈子都牢记着这个教训。1929年春季,也就是举世闻名的世界大股灾和经济危机来临前夕,当霍希哈准备用50万美元在纽约证券交易所买一个席位的时候,他突然放弃了这个念头。霍希哈事后回忆道:"当你发现全美国的人们都在谈论着股票,连医生都停业而去做股票投机生意的时候,你应当意识到这一切不会持续很久了。人们不问股票的种类和价钱疯狂地购买,稍有差价便立即抛出,这不是一个让人放心的好兆头。所以,我在8月份就把全部股票抛出,结果净赚了400万美元。"这一明智的决策使霍希哈躲过了灭顶之灾。而正是在随后的16年中,无数曾在股市里呼风唤雨的大券商都成了这次大股灾的牺牲品。

霍希哈的决定性成功来自于开发加拿大亚特巴斯克铀矿的项目。霍希哈从战后世界局势的演变及原子能的巨大威力中感觉到,铀将是地球上最重要的一项战略资源。于是,从1949年到1954年,他在加拿大的亚大巴斯卡湖买下了470平方英里的土地,他认定这片土地蕴藏着大量的铀。亚特巴斯克公司在霍希哈的支持下,成为第一家以私人资金开采铀矿的公司。然后,他又邀请地质学家法兰克·朱宾担任技术顾问。

在此之前,这块土地已经被许多地质学家勘探过,分析的结果表明,此处只有很少的铀。但是,朱宾对这个结果表示怀疑,他确认这块地上藏有大量的铀。他竭力向十几家公司游说,劝它们进行一次勘探,但是,这些公司均表示无此意愿。而霍希哈在听取了朱宾的详细汇报之后,觉得这个险值得去冒。

1952年4月22日,霍希哈投资3万美元勘探。在5月份的一个星期六早晨,他得到报告:在78个矿样中,有71块含有品位很高的铀。朱宾惊喜地大叫:"霍希哈真是财运亨通。"

霍希哈从亚特巴斯克铀矿公司得到了丰厚的回报。1952年初,这家公司的股票尚不足45美分一股,但到了1955年5月,也就是朱宾找到铀矿整整3年之后,亚特巴斯克公司的股票已飞涨至252美元一股,成为当时加拿大蒙特利尔证券交易所的"神奇黑马"。

在加拿大初战告捷之后,霍希哈立即着手寻找另外的铀矿,这一次是在非洲的艾戈玛,与上一次惊人相似的是,专家们以前的钻探结果表明艾戈玛地区的铀资源并不丰富。

但霍希哈更看中在亚特巴斯克铀矿开采中立下赫赫战功的法兰克·朱宾的意见，朱宾经过近半年的调查后认为，艾戈玛地区的矿沙化验结果不够准确。如果能更深地钻入地层勘探，一定会发现大量的铀床。

1954年，霍希哈交给朱宾10万美元，让他正式开始钻探的工作。两个月以后，朱宾和霍希哈终于找到了非洲最大的铀矿。这一发现，使霍希哈的事业跃上了顶峰。

1956年，据《财富》杂志统计，霍希哈拥有的个人资产已超过20亿美元，排名位于世界最富有的前100位富豪榜第76位。

要想做成任何一件事都有成功和失败两种可能。当失败的可能性大时，却偏要去做，那自然成了冒险。商战的法则是冒险越大，赚钱可能越多。因此每个成功的犹太商人必定具有乐观的风险意识，但千万别忘了：冒风险不是蛮干，一定在冒风险前有科学根据。

2. 大风险意味着大机遇

不冒大风险就想赚大钱的想法，就像等着天上掉馅饼一样可笑。

摩根家族的祖先是公元1600年前后从英国迁移到美洲来的，传到约瑟夫·摩根的时候，他卖掉了在马萨诸塞州的农场，到哈特福定居下来。

约瑟夫最初以经营一家小咖啡店为生，同时还卖些旅行用的篮子。这样苦心经营了一些时日，逐渐赚了些钱，就盖了一座很气派的大旅馆，还买了运河的股票，成为汽船业和地方铁路的股东。

1835年，约瑟夫投资参加了一家叫做"伊特纳火灾"的小型保险公司。所谓投资，也不要现金，出资者的信用就是一种资本，只要你在股东名册上签上姓名即可。投资者在期票上署名后，就能收取投保者缴纳的手续费。只要不发生火灾，这一无本生意就稳赚不赔。

然而不久，纽约发生了一场大火灾。投资者聚集在约瑟夫的旅馆里，一个个面色苍白，急得像热锅上的蚂蚁。很显然，不少投资者没有经历过这样的事件。他们惊惶失措，愿意自动放弃自己的股份。

约瑟夫便把他们的股份统统买下，他说："为了付清保险费用，我愿意把这个旅馆卖了，不过得有个条件，以后必须大幅度提高手续费。"

约瑟夫把宝押在了今后。这真是一场赌博，成败与否，全在此一举。

另有一位朋友也想和约瑟夫一起冒这个险，于是，俩人凑了10万美元，派代理人去纽约处理赔偿事项。结果，从纽约回来的代理人带回了大笔的现款，这些现款是新投保的客户出的比原先高一倍的手续费。与此同时，"信用可靠的伊特纳火灾保险"已经在纽约名声大振。这次火灾后，约瑟夫净赚了15万美元。

这个事例告诉我们，能够把握住关键时刻，通常可以把危机转化为赚大钱的机会。这当然要善于观察分析市场行情，把握良机。机会如白驹过隙，如果不能克服犹豫不决的弱点，我们可能永远也抓不住机会，只有在别人成功时慨叹："我本来也可以这样的"了。

威尔逊在创业之初，全部家当只有一台分期付款赊来的爆米花机，价值50美元。第二次世界大战结束后，威尔逊做生意赚了点钱，便决定从事地皮生意。如果说这是威尔逊的成功目标，那么，这一目标的确定，就是基于他对自己的市场需求预测充满信心。

当时，在美国从事地皮生意的人并不多，因为战后人们一般都比较穷，买地皮修房子、建商店、盖厂房的人很少，地皮的价格也很低。当亲朋好友听说威尔逊要做地皮生意时，异口同声地反对。

而威尔逊却坚持己见，他认为反对他的人目光短浅。他认为虽然连年的战争使美国的经济很不景气，但美国是战胜国，它的经济会很快进入快速发展时期。到那时买地皮的人一定会增多，地皮的价格会暴涨。

于是，威尔逊用手头的全部资金再加一部分贷款在市郊买下很大的一片荒地。这片土地由于地势低洼，不适宜耕种，所以很少有人问津。可是威尔逊亲自观察了以后，还是决定买下这片荒地。他的预测是，美国经济会很快繁荣，城市人口会日益增多，市区将会不断扩大，必然向郊区延伸。在不远的将来，这片土地一定会变成黄金地段。

后来的事实正如威尔逊所料。不出3年，城市人口剧增，市区迅速发展，大马路一直修到威尔逊买的土地的边上。这时，人们才发现，这片土地周围风景宜人，是人们夏日避暑的好地方。

于是，这片土地价格倍增，许多商人竞相出高价购买，但威尔逊不为眼前的利益所惑，他还有更长远的打算。后来，威尔逊在自己的这片土地上盖起了一座汽车旅馆，命名为"假日旅馆"。由于它的地理位置好，舒适方便，开业后，顾客盈门，生意非常兴隆。从此以后，威尔逊的生意越做越大，他的假日旅馆逐步遍及世界各地。

冒险并不等于蛮干。精明的人能谋算出冒险的系数有多大，此外做好应对风险的准备，则可以胜算。唯有带着沉重的风险意识，敢于怀疑和打破以往的秩序，通过冒险而取得胜利，才能享受到人生的最高喜悦。

3．拓荒者往往能成为控制者

最先看到某一领域、某一行业的商机并大胆介入的人，往往因先人一步而成为这一领域的控制者，犹太人在电影行业的成功正说明了这一点。

在整个文化领域的所有艺术形式中，电影是一门从诞生之日起就彻底资本化的艺术。电影不仅是人类有史以来制作费用最高的艺术品之一，更是一种直接以赢利，至少是以收回投资为目的的艺术形式。而这样一种最资本化的艺术形式恰恰是由犹太商人一手培育扶持方得以成长成熟的。

世界电影史在其发端之后相当长的一个"历史时期"内，是与美国电影史重合的，而美国电影史在很大程度上也就是一部美国犹太人电影史。

主宰美国电影业的5家最大制片公司：米高梅影片公司（包括其前身米特罗影片公司、高德温影片公司和梅耶影片公司）、派拉蒙影片公司、华纳兄弟影片公司、雷电华影片公司和20世纪福克斯影片公司，都为犹太人所拥有和控制；另外3家较有规模的影片公司，即环球影片公司、哥伦比亚影片公司和联美影片公司，也都为犹太人所创建或拥有。

美国电影史上许多重要制片人或发行人，如阿道夫·朱克尔（派拉蒙）、塞缪尔·高德温（米高梅和联美）、卡尔·利姆勒（环球）、马库斯·洛伊（米高梅）、威廉·福克斯（20世纪福克斯）、哈里·科恩（哥伦比亚），还有华纳4兄弟，即哈里、阿尔伯特、山姆和杰克，所有这些主宰好莱坞黄金时代的巨头都是犹太人。

在电影事业的发展方面，从电影业的初创到探索连锁电影院的分布，从提高影片的质量到引进第一部有声片，从创立明星制到起用第一个场外导演，一直到20世纪30年代全面改组电影制片公司和60年代巩固制片公司，犹太人在电影制作和为电影提供资金方面都起着主导作用。

犹太人在电影世界中几乎无处不在，甚至引起了一些非犹太人美国人的不安。在第一次世界大战结束以后，随着电影对大众的影响越来越大，"必须将电影从魔鬼和500个非基督徒的犹太人手中解放出来"，成了某一压力集团的口号。

这种要求撕开其道貌岸然的外套，内里同几千年中一再发生的情形极其相像：当电影业完成了资本化，已经成为一个既安全又有利可图的金矿之时，犹太人就应该被"请"出去了，因为现在这里似乎已经没有什么地方特别需要犹太人了。

不管现在需要不需要犹太人，电影业在其初起之时，确实是需要犹太人，尤其是犹太商人的。

用美国经济学家本·塞利格曼的话来说，电影业是在"手套商、药剂师、皮货商、布商和珠宝商"（皆为犹太人密集的商业行业）这些开"5分剧场"的人手中兴起的。也就是说，早期的电影如同看"西洋镜"，付5分钱，凑在小孔上看个几分钟。谁能保证从那动作笨拙、无声无色且只有几分钟长度的早期电影作品开始，会诞生出今日令人眩目的整个电影世界？谁能从当年"5分钱"票价开发出今日上亿美元的票房收入？电影业是潜在的、有利可图的行业，但谁能预知，为了让这种潜力成为现实，或者更为理想，成为"现钞"，又需要投入多少"现钞"？即使在电影业总体上已经成为安全之地的今日，耗资巨大的影片，因号召力不强而致亏损的也不在少数，100部影片中，最终赚钱的还不到4成。由此不难想见，当年犹太小商小贩们投身电影业的时候，是有着怎样的魄力和远见的！

阿道夫·朱克尔是一个匈牙利移民，抵达美国时，他所有的财产就是缝在外衣衬里内的40美元。最初，他以推销皮货为生。生意做大之后，他抽出20万美元的资金，投入到当时已开始实际拍摄电影的廉价游乐场，即所谓的"5分剧场"。就在这期间，他遇到了马库斯·洛伊。洛伊出身贫民，小时候做过童工，也是靠做皮货生意起家的。

朱克尔和洛伊两人合伙，在第一次世界大战结束时，买了西洋镜和廉价游乐场。由于意见不合，不久两人各奔东西。有意思的是，由于对电影业资本化的相同认识，两人从相反方向开始，最终仍然走到了同一点上，虽然两人没有重新合伙。

散伙之后，朱克尔守着自己的廉价游乐场，继续搞制片，后来组建了"著名演员公司"，并最终接管了派拉蒙影片公司。朱克尔很早就认识到控制电影院的重要，因为有了电影院才能保证拍出的影片有销路。于是他发行了1000万美元的股票，建立了自己的连锁电影院。1926年，他在纽约建造了极为豪华的派拉蒙电影院，将它奉献给美国。

洛伊的道路刚好同朱克尔方向相反。洛伊先是控制了一批连锁电影院，以后为了保证自己电影院有足够的影片可以吸引观众，他又转向了制片。在他的撮合下，3家犹太人的电影制片公司，米特罗影片公司、高德温影片公司和梅耶影片公司合并，建立了以3家公司第一个字母合在一起作为名称的米高梅影片公司。

朱克尔和洛伊这种将电影制片与放映电影的剧院联系在一起的做法，实质上也就是实现了电影的产供销一体化，使电影的制作直接以市场效益或票房价值为取向，电影业资本化所必须具备的构架已经形成。至于电影作为一种艺术形式的商品化，尤其是其美学趣味上的商业化，也许应该更多地归之于华纳四兄弟。

哈里、阿尔伯特、山姆和杰克四兄弟，是一个原籍波兰的犹太补鞋匠的儿子。他们（主要是两个大的）原先做过各种小生意，并积累资金开了一家自行车行。1904年，四兄弟搞到一架电影放映机，就此开始了电影生涯。

开始时，他们只有一架放映机，没有自己的剧院，连拷贝也只有一部，叫《火车大劫案》。他们四处巡回放映，因为当时还是无声片（默片）时代，放映时，就由他们的妹妹弹奏钢琴，由四兄弟中最小的杰克伴唱，那时，他才几岁。以后积累了一点资金，他们开始同别人交换影片，并进而成为影片发行商。

1912年，他们迁居加利福尼亚，创建了华纳兄弟影片公司。华纳公司锐意创新，虽遭受一系列失败，并多次损失惨重，但仍然不改初衷。1927年，他们终于拍摄成功电影史上第一部有声电影《爵士歌王》，在该影片中，他们巧妙地借剧中人物之口说了一句脍炙人口的俏皮话："你们还不曾听见过什么声音。"

华纳兄弟常被人称为"电影界的蒙古人"，四兄弟性格各异，并不十分合得来，但他们有一个共同之处，即始终追求票房价值，致力于向大多数人提供容易接受的东西。因此，他们有着明确的制片标准，这种市场定位，借用华纳公司所生产的一部较为著名的影片《封面女郎》剧中人的话来说，就是："如果你开始取悦上流社会的话，那你就完了。"

面向大众乃至迎合大众，是华纳兄弟影片公司甚至整个好莱坞拍摄影片时遵循的一条总体性标准。不管电影评论家们或电影史研究者持何种批评态度，斥之为"平庸"或者其他，但就电影自身的属性和电影业资本化的内在要求而言，耗资巨大的电影只有从人数最多的观众群体那里，才能收回投资并获得赢利。不管是把以华纳兄弟为代表的好莱坞犹太巨头的这种强调"大众口味"的做法，看做犹太人根深蒂固的平等观念的作用，还是犹太电影商的精明使然，真正说明问题的是电影业这个艺术领域在相当一段时间里是自我照顾得最好的领域，电影能找到慷慨的观众，观众能有豪华的电影看，这是电影业资本化进展状况良好的实例。

所以，好莱坞的巨头们不仅在电影中提供让观众沉醉于其中的梦境，还建造起豪华程度同银幕上毫无二致的欣赏电影的场所。在"格劳曼中国剧院"和各大电影公司的电影院里，一片金碧辉煌，地上铺着厚厚的地毯，四处都是琳琅满目的装饰，观众被奉为皇帝，而领座员和检票员则像贵族府第中的仆役一样衣冠楚楚、彬彬有礼。

所以，在所有面向大众的电影门类中，最面向大众的喜剧片部门，成了真正的犹太人天下：除了少数几个喜剧演员为非犹太人之外，其余的都是犹太人，如法尼·布赖斯、马科斯兄弟、杰克·本尼，以及莱尼·布鲁斯，而喜剧大师查理·卓别林则因为演技太好而一再被人误认为是犹太人。

随着电视的兴起，好莱坞以及整个电影世界多少有些衰落了，不过，同时也可以看到，在电视这个商业性更强的领域中，有着与电影业中同样多的犹太人。美国三大电视网曾经都是由犹太人掌门的：哥伦比亚广播网（CBS）的威廉·佩利、美国广播公司（ABC）的伦纳德·戈登森和全国广播公司（NBC）的大卫·萨诺夫；英国的3家商业性电视网络：联合电视台、格拉纳达电视台和联合转播台，也分别为3个英国犹太人埃米尔·李特、刘·格雷德和悉尼·伯恩斯坦所掌握。而且即使在素以保守、老派著称的英国，伯恩斯坦的格拉纳达电视台也在制作出足以同ABC最好节目相媲美的电视节目的同时，获得了较高的利润，并成为"商业性电视台甚至能够从文化中赚钱的一个最好的例子"。

4．"冒险家"决不是个贬义词

善于冒险，这是一个褒义词，很多犹太人都是这样的，在他们看来，每一次风险都含着等量的成功的种子。风险越大，回报越高。

犹太商人历来背着一个投机家的名声，在相当长的一段时间里，"投机"这个词是贬义词。现在不同了，经济学家们给"投机"换上了一个恰如其分的雅称，名之为"风险管理"。这个名称一改，犹太商人也由原来的"投机家"变成了"风险管理者"。

做任何一件事都有成功和失败两种可能。当失败的可能性大时，却偏要去做，那自然就成了冒险。问题是，许多事很难分清成败可能性的

161

大小，那么这时候也是冒险。而商战的法则是冒险越大，赚钱可能越多。当机会来临时不敢冒险的人，永远是平庸的人。而犹太商人则不然，他们大多具有乐观的风险意识，并常能发大财，犹太大亨哈默在利比亚的一次冒险的成功，就很能说明这个问题。

在意大利占领利比亚期间，墨索里尼为了寻找石油，在利比亚大概花了 1000 万美元，结果一无所获。壳牌石油公司大约花了 5000 万美元，但打出来的井都没有商业价值。埃索石油公司在花费了几百万收效不大的费用之后，正准备撤退，却在最后一口井里打出了油。

欧美石油公司到达利比亚的时候，正值利比亚政府准备进行第二轮出让租借地的谈判，出租的地区大部分都是原先一些大公司放弃了的利比亚租借地。根据利比亚法律，石油公司应尽快开发他们的租借地，如果开采不到石油，就必须把一部分租借地还给利比亚政府。第二轮谈判中就包括已经打出若干块"干井"的土地，但也有许多块与产油区相邻的沙漠地。

来自 9 个国家的 40 多家公司参加了这次投标。最后，哈默的欧美石油公司终于得到了两块租借地，使那些强大的对手大吃一惊。这两块租借地都是其他公司耗费巨资后一无所获而放弃的。

这两块租借地不久就成了哈默烦恼的源泉。他钻出的头 3 口井都是滴油不见的干井，仅打井费就花了近 300 万美元，另外还有 200 万美元用于地震探测和向利比亚政府官员缴纳的不可告人的贿赂金。于是，董事会里有许多人开始把这项雄心勃勃的计划叫做"哈默的蠢事"，甚至连哈默的知己、公司的第二股东里德也失去了信心。

但是哈默的直觉促使他固执己见。在和股东之间发生意见分歧的几周里，第一口油井出油了，此后另外 8 口井也出油了。这下公司的人可乐坏了，这块油田的日产量是 10 万桶，而且是异乎寻常的高级原油。更重要的是，油田位于苏伊士运河以西，运输非常方便。与此同时，哈默在另一块租借地上，采用了最先进的探测法，钻出了一口日产 7.3 万桶自动喷油的油井，这是利比亚最大的一口井。接着，哈默又投资 1.5 亿美元修建了一条日输油量 100 万桶的输油管道。而当时西方石油公司的总资产净值只有 4800 万美元，足见哈默的胆识与魄力。之后，哈默又大胆吞并了好几家大公司，等到利比亚实行"国有化"的时候，他已经羽翼丰满了。这样，欧美石油公司一跃而成为世界石油行业的第八个姊妹了。

哈默的一系列事业成功，完全归功于他的胆识和魄力，他不愧为一个犹太大冒险家。确实，犹太商人长期以来不仅是在做生意，而且也是在"管理风险"，就是他们的生存本身也需要有很强的"风险管理"意识。犹太商人不能坐等"驱逐令"之类的厄运到来，也不能毫无准备地使自己措手不及。所以在每次机遇来临时，他们都能准确把握机遇的来势和大小。这种事关生存的大技巧一旦形成，用到生意场上就游刃有余了。有不少时候，犹太商人正是靠准确地把握这种"风险"之机而得以发迹的。当然，另一个大冒险家洛克菲勒也同样让世人惊叹。

洛克菲勒踏入社会后的第一个工作就是在一家名为休威·泰德的公司做书记员，这是他精于计算的良好开端。

在休威公司的第三年，他已经对中间商的生意掌握了十之八九，并且对这个行当跃跃欲试。在这一年，他未经老板同意，就自作主张地做起了小麦粉和火腿生意。不久，新闻媒体报道的饥荒在英国发生了，使他的计划得以付诸实施。休威公司把囤积在仓库里的食品发往欧洲饥荒蔓延的地区，赚得了巨额利润。为此，洛克菲勒要求公司为他加薪到 800 美元，但老板支支吾吾。于是，洛克菲勒决定辞掉这份工作，创办自己的公司。

由于洛克菲勒的勤奋工作和精明头脑，南北战争的爆发再一次成为洛克菲勒发财的契机。为了逃避兵役，洛克菲勒曾找过不止 20 个替身，同时向北军捐赠了大笔钱款。

尽管洛克菲勒逃过了兵役，避免了在这场残酷的战争中和60万年轻人一样灰飞烟灭，但他也并不是两耳不闻天下事，相反，他密切关注着战争形势的发展。在经纪公司的办公室里，他在墙上挂满了战况图和各种从华盛顿传来的政治新闻以及前线的最新动态。公司的职员们常常看到洛克菲勒在他的"陆军参谋部"里走来走去，不时用笔在内容丰富的墙上点点画画，或埋头记录着什么。洛克菲勒通过对战争形势的分析，使投机生意做得非常红火。

没有人喜欢失败，人人都渴望成功，成为一个富有的人，但是，当财富敲响大门时，并不是所有的人都能抓住机会，把走到自己家门口的财富留下来。人们常犯的错误是，在已经撞到自己眼前的机会面前患得患失，犹豫不决，或是没有做好准备，对突如其来的机会麻木不仁，没有反应，让机会悄悄地溜走。

因此，不要只盯着可能有的一点点风险，裹足不前。不能冒风险的人，必将一事无成。

命运的改变往往就在于某一个机会上，抓住这个机会可能成功，也可能失败，成功与失败均是不可预见的，去做就意味着冒险。那么，面临此等机会，我们该怎么办？由于是身处逆境当中，我们可以凭借或依赖的东西非常有限，往往就是"抵上身家性命，成与不成在此一搏"。赢了，我们的人生就此改变；输了，就是一败涂地。一般人往往会望而却步，甘愿放弃机会；而勇敢者却会知难而上，激流勇进。只要我们充分估计了自己的能力和各方面的状况，不是盲目冒进，而是应该大胆地去尝试、去冒险。

19世纪80年代，在关于是否购买利马油田的问题上，洛克菲勒和同事们产生了严重的分歧。利马油田是当时新发现的油田，地处俄亥俄州西北与印第安纳东部交界的地带。那里的原油有很高的含硫量，反应生成的硫化氢发出一种鸡蛋坏掉后的难闻气味，所以人们都称之"酸油"。没有炼油公司愿意买这种低质量原油，除了洛克菲勒。

洛克菲勒在提出买下油田的建议时，几乎遭到了公司执行委员会所有委员的反对，包括他最信任的几个得力助手。因为这种原油的质量太差了，价格也最低，虽然油量很大，但谁也不知道该用什么方法进行提炼。但洛克菲勒坚信一定能找到除去高硫的办法。在大家互不相让的时候，洛克菲勒最后开始进行"威胁"，宣称将个人冒险去"关心这一产品"，并不惜一切代价。

委员会在洛克菲勒的强硬态度下被迫让步，最后标准石油公司以800万美元的低价买下了利马油田，这是公司第一次购买产油的油田。随后，洛克菲勒花20万美元聘请了一名犹太化学家，让他前往油田研究除硫的方法，实验进行了两年，仍然没有成功。此间，许多委员对此事仍耿耿于怀，但在洛克菲勒的坚持下，这项希望渺茫的工程仍未被放弃。这真是一件天大的幸事，因为又过了几年，犹太科学家终于成功了！

这一丰功伟绩，充分说明洛克菲勒具有能够穿透迷雾的远见，也具有比一般大亨更强的冒险精神。

"高风险，意味着高回报"，只有敢于冒险的人，才会赢得人生的辉煌。而且，那种面临风险、审慎前进的人生体验练就了人们过人的胆识，这更是宝贵的精神财富。犹太人无疑是这种财富的拥有者：他们凭着过人的胆识，抱着乐观从容的风险意识知难而进，逆流而上，往往赢得出人意料的成功。这种身临逆境、勇于冒险的进取精神是成就"世界第一商人"的又一重要因素。

犹太人历来以冒险家闻名于世。在很长一段时间内，"冒险家"都是一个贬义的称呼，不过，现在人们的观念终于转变过来了。人们认识到，风险是客观存在的，做任何事情都有成功与失败的可能。因为在严格意义上来讲，促使一件事情成功的因素是不可穷尽的，人的力量只能对其中的一部分加以掌控。所以，做任何事情都有风险，只是大小不同罢了。如果一件事成功与失败的概率相等或者后者概率更大，那么做这件事无疑要冒很大风险。现代社会中充斥着种种冒险游戏，特别是在经济领域，投资意味着风险，特别是炒股票，风险就更大。不过，经济学原理告诉我们：风险越大，收益的绝对值越大。商家的法则就是冒险越大，赚钱越多，特别是对于一个前人尚未涉足的市场领域，作为开拓者就更要冒风险。

第五章　借力登梯才能爬得更高

犹太人认为，做生意靠单打独斗，靠个人能量永远成不了大气候。犹太人做事、做生意很善于借力——朋友之力、合作伙伴之力、可以凭借的任何资源之力，借力使力，可以让自己站得更高，走得更远。

1. 只有傻瓜才拿自己的钱去发财

在犹太商人中广为流传着一句名言："只有傻瓜才拿自己的钱去发财。"美国亿万富翁马克·哈罗德森说："别人的钱是我成功的钥匙。把别人的钱和别人的努力结合起来，再加上你自己的梦想和一套奇特而行之有效的方法，然后你再走上舞台，尽情地指挥你那奇妙的经济管弦乐队。其结果是，在你自己的眼里，成为富人不过是雕虫小技，或者说不过是借鸡生蛋，然而，世人却认为你出奇制胜，大获成功。因为，人们根本没有想到竟能用别人的钱为自己做买卖赚钱。"

很多成功的犹太商人在创业的初始阶段财力有限，因此无本经营成为他们的首选，他们想出来的办法通常是"借钱赚钱，借钱发财"。犹太商人的变钱之道值得借鉴，在必要的情况下，要敢于借贷、善于用贷，走一条借钱生钱的发财路。

借钱赚钱是无本经营者最普遍使用的一种方法，毕竟两手空空，身无分文，不论办什么事都举步维艰，所以只有靠借才能有出路。

世界著名的犹太商人丹尼尔·洛维洛，其创业之初也是一无所有，但是靠着自己的聪明才智，他终于筹集了一笔可观的资金，为自己成为"世界船王"奠定了基础。

1897年6月，丹尼尔·洛维洛出生在密西根州的兰海芬。小时候的丹尼尔性格孤僻，沉默寡言，唯一的兴趣就是船，经常划船让他不再那么寂寞。他常常梦想着自己家里拥有好多好多的船，而这些船能够到达任何他想到达的地方。

9岁那年，他成了一个名副其实的小"船主"。一天，他发现一艘沉下的小汽艇，便毫不犹豫地向父亲借了25美元将它买了下来。打捞汽艇并将船修好，花了整整一冬天的时间。不过，令他高兴的是第二年夏天，就顺利地将船租了出去，丹尼尔就这样赚取了他人生当中的第一个50美元。除去父亲的25美元，他净赚25美元。从那时起，他就立志当一个拥有数百条船的船主。但是，直到40岁时，这一美梦才实现。

1937年，丹尼尔·洛维洛来到纽约，他总是匆匆地在几家银行之间穿梭，做着与儿时相同的事——借钱买船。他想向银行贷款把一艘船买下来，改装成油轮，因为当时载油比载货赚的钱多得多。

当银行的人问起他有什么可做相应抵押的时候，他说，他有一艘老油轮在水上，正在跑运输。接着，丹尼尔将自己的打算告诉对方，他把油轮租给了一家石油公司。他每个月收到的租金，正好可每月分期偿还他要借的这笔款子。所以，他决定把租契交给银行，由银行定期向那家石油公司收租金，这样也就可以分期还款了。

这种做法让人无法理解，许多银行都对他的这种做法不以为然，叫他不要痴心妄想。但实际上，这种做法对银行是相对保险的。丹尼尔·洛维洛本身的信用或许并非万无一失，但那家石油公司却是可靠的。银行可以假定石油公司按月支付贷款，除非有预料不到的重大经济灾祸发生。换一个角度去考虑，如果丹尼尔把货轮改装成油轮的做法失败了，但只要那艘老油轮和石油公司存在，银行还是能够收回贷款的。最后，银行终于同意借钱给丹尼尔。

丹尼尔·洛维洛用这笔钱买了他要的旧货轮，改成油轮租了出去，然后再利用它去借另一笔款子去买一艘船。如此反复，每当一笔债付清了，丹尼尔就成了某条船的主人。租金不再被银行拿去，而是由他放进自己的口袋里。

就这样丹尼尔·洛维洛没掏一分钱，便轻松拥有了一支庞大的船队，并赢得了一笔可观的财富。

不久，丹尼尔脑海里又形成了一个利用借钱来赚钱的方法。他自己设计一艘油轮，或造其他用途的船，在还没有开工建造时，他就设法去找客户，在船造完后把它租赁出去，于是拿着租赁契约，他又可以到一家银行去借钱造船。这种借款的还款方式是延期分摊，银行要在船下水之后，才开始收回贷款。只要船下水，租费就可转让给银行。于是这项贷款就这样分期付清了，当最后一期贷款付清的时候，丹尼尔·洛维洛就顺理成章地成为了又一艘船的船主，在这个过程中他一分钱都没有花。

银行听说了他的这个计划后都大为震惊。当他们仔细研究之后，觉得他的计划简直就是天衣无缝。此时丹尼尔的信用已没有问题，何况，还与从前一样，有租船人信用加强还款的保证。

就这样，丹尼尔·洛维洛的造船公司迅速发展壮大起来，这时他已经成为一位超级富豪了。丹尼尔·洛维洛拥有的私人船只吨位是全世界第一，连奥纳西斯和尼亚斯两位大名鼎鼎的希腊船王也甘拜下风。

初涉商场的经营者创业时，要有一定的资金才能使自己的事业有效地运转起来。不论是多么好的目标、设想和计划，如没有一定的经济实力作为支撑，只能是纸上谈兵。这就不难理解为什么许多的经营者都认为资金是维系事业生命的血液了。

现实生活中,筹措资金的方法有多种,但是向银行贷款还是主要的筹措方法。可总是有许多经营者前怕狼、后怕虎,不敢借贷,不愿举债,从而耽误了许多发家致富赚钱发财的机会。

其实,在某些时候,机会使得你强迫自己贷款,这样能够帮助自己达到获取利润的目的。把从银行贷来的钱用于投资看准了的项目,一年或两年之后,当你还清本息,你的银行账户上还可以留有一大笔钱。当然,你必须首先还清本息,并且贷款利息要高得很。然而,你还是赚了钱,这笔钱是如何赚来的呢?因为贷款的利息是一笔惊人的财富,它是督促你加紧干活的最有力的动力。如果你不使资金周转起来并创造利息,你可能连贷款的利息都还不上。

爱默生说过:"我最需要的就是让别人来强迫我做那些我自己能做,并且该做的事情。换句话说,就是需要一种压力。"当你向银行贷了一笔款时,你会有一种自然而然的压力。正是因为这种压力的存在,才使你不得不放弃消费的打算,同时,也会改掉懒散的坏习气,你会让手里的资金很快周转起来,自觉或不自觉地投入到生意之中。

当然,有利必有弊,借债也是如此,成功的犹太经营者们常常这样说:"借债就是一把双刃剑,你若小心运用会使你致富,你若不小心,会适得其反。"犹太人在借贷之前,一般要看借的是什么债。若是消费性借贷,那应极力避免,如果是"投资性借贷",可视为另一种情况。事实上,很少有白手起家的富翁是不借债的。富人之所以能够成功,是因为他们深谙借钱、贷款的力量。

美国可口可乐公司的前任董事长伍德拉是位极保守的金融家。他一生最厌恶负债,经济萧条前夕,他刚好偿清公司的全部贷款。一次,当公司里一位财务负责人要以9.75%的利息去借一亿美元的资金来兴建新建筑时,他马上回答说:"可口可乐永远不借钱!"虽然他的谨慎战略使可口可乐公司在经济大萧条中免遭灭顶之灾,但也因此产生副作用，使这个公司发展极其缓慢，不能进入美国大公司之林。

后来，戈苏塔担任了公司董事长的职务，一改前任的作风，看准方向，大举借款。他接手时，可口可乐公司资本中不到2%是长期债务，而戈苏塔上任后把长期债务猛增到资本的18%，这种举动使同行们大惊失色。戈苏塔用这些资金来改建可口可乐公司的瓶装设备，并大胆投资于哥伦比亚影片公司。他说："要是看准了兼并对象，我并不怕增加公司的债务负担。"这种不怕负债的勇气将可口可乐公司从困境中解救出来，公司的利润一下子增长20%，股票也开始上涨。可口可乐也慢慢向世界大公司的行列靠拢。

戈苏塔不怕负债的勇气来自于看准方向基础之上的正确决断。他不是滥借贷款，加重公司负担，而是将债款用到生产的关键环节上。这样，暂时的负债会赢得长时间的盈利，最终债务也会彻底清偿。如果畏首畏尾，不敢冒借债的风险，那么企业就会永远失去发展的机会，最终会在市场竞争中失败。对一个公司来说如此，对经营者来说又何尝不是如此？

事实证明，天才的赚钱者了解并能充分利用借贷。世界上许多巨大的财富起始之初都是建立在借贷上的，靠借贷发家是白手起家的经营者的明智之举。记得法国著名作家小仲马在他的剧本《金钱问题》中说过这样一句话："商业，这是十分简单的事。它就是借用别人的资金！"

大多数初出茅庐的创业者并没有多少钱，如果要拿几万、几十万去开创一点事业，并不是一件简单的事情。一个白手创业者如果真是身无分文，要想起家那就机会渺茫了。做任何生意、办任何实业都应以最基本的本钱为起点，所以，对于现在大多数仍处于白手起家的朋友来说，头一件要紧事就是通过各种途径去筹集创业所需的基本资金。

市场经济中，敢于借贷、善于用贷、巧于用贷、会通过别人的钱来发财的创业者，才是高明的经营者。不要让"既无内债，又无外债"

的小本经营思想理念左右了自己，从而失去扩大经营、壮大企业的机会。

"如果你能给我指出一位百万富翁，我就可以给你指出一位大贷款者。"犹太人威廉·立格逊在他的《我如何利用我的业余时间，把一千美元变成三百万美元》一书中这么说。

一切都是可以靠借的，借资金、借技术、借人才，这些为自己所用的东西都可以拿来。这个世界已经准备好了一切你所需要的资源，你所要做的仅仅是把它们搜集起来，并用智慧把它们加以有机地组合。这就是犹太人的思维方式，意思是说，生意人应该尽力贷款，借助银行的资金为自己办事，如果你不能借用别人的资金，做生意是极为困难的。

看看犹太富翁们发家的历史就会发现，他们在短短的二三十年就成为远近闻名的富豪。他们发财的速度之快是让人咋舌的。

著名的希尔顿从被迫离开家庭到成为身价5.7亿美元的富翁只用了17年的时间，他发财的秘诀就是借用资源经营。他借到资源后不断地让资源变成新的资源，最后他自己成为了全部资源的主人——一名亿万富翁。

希尔顿年轻的时候特别想发财，可是一直没有机会。

一天，他正在街上转悠，突然发现整个繁华的优林斯商业区居然只有一个饭店。他就想：我如果在这里建一座高档次的旅店，生意准会兴隆。于是，他认真研究了一番，觉得位于达拉斯商业区大街拐角地段的一块土地最适合做旅店用地。他调查清楚这块土地的所有者是一个叫老德米克的房地产商之后，就去找他。老德米克给他开了个价，如果想买这块地皮就要希尔顿掏30万美元。

希尔顿不置可否，却请来了建筑设计师和房地产评估师对"他"的旅馆进行测算，其实，这不过是希尔顿假想的一个旅馆。他问按他设想的那个旅店需要多少钱，建筑师告诉他起码需要100万美元。

希尔顿只有 5000 美元，但是他成功地用这些钱买下了另外一个小旅馆，并不停地升值，不久他就有了 5 万美元，然后找到了一个朋友，请他一起出资，两人凑了 10 万美元开始建设这个新旅馆。当然这点钱还不够买地皮的，离他设想的那个旅馆还相差很远。许多人觉得希尔顿这个想法是痴人说梦。

希尔顿再次找到老德米克签订了买卖土地的协议，土地出让费为 30 万美元。然而就在老德米克等着希尔顿如期付款的时候，希尔顿却对土地所有者老德米克说："我买你的土地，是想建造一座大型旅店，而我的钱只够建造一般的旅馆，所以我现在不想买你的地，只想租借你的地。"

老德米克有点恼火，不愿意和希尔顿合作了。希尔顿非常认真地说："如果我可以只租借你的土地的话，我的租期为 100 年，分期付款，每年的租金为 3 万美元，你可以保留土地所有权，如果我不能按期付款，那么就请你收回你的土地和我在这块土地上建造的饭店。"老德米克一听，转怒为喜："世界上还有这样的好事？30 万美元的土地出让费没有了，却换来 270 万美元的未来收益和自己土地的所有权，还有可能包括土地上的饭店。"于是，这笔交易就谈成了，希尔顿第一年只需支付给老德米克 3 万美元就可以了，而不用一次性支付昂贵的 30 万美元。就是说，希尔顿只用了 3 万美元就拿到了应该用 30 万美元才能拿到的土地使用权。这样希尔顿省下了 27 万美元，但是这与建造旅店需要的 100 万美元相比，差距还是很大的。

于是，希尔顿又找到老德米克："我想以土地作为抵押去贷款，希望你能同意。"老德米克非常生气，可是又没有办法。

就这样，希尔顿拥有了土地使用权，于是从银行顺利地获得了 30 万美元，加上他支付给老德米克 3 万美元后剩下的 7 万美元，他就有了 37 万美元。可是这笔资金离 100 万美元还是相差很远，于是他又找到一个土地开发商，请求他一起开发这个旅馆。这个开发商给了他20万美元，这样他的资金就达到了57万美元。

1924年5月，希尔顿旅店在资金缺口已经不太大的情况下开工了。但是当旅店建设了一半的时候，他的57万美元已经全部用光了，希尔顿又陷入了困境。这时，他还是来找老德米克，如实述说了资金上的困难，希望老德米克能出资，把建了一半的建筑物继续完成。他说："旅店一完工，你就可以拥有这个旅店，不过你应该租赁给我经营，我每年付给你的租金最低不少于10万美元。"

这个时候，老德米克已经被套牢了，如果他不答应，不但希尔顿的钱收不回来，自己的钱一分也回不来了，他只好同意。而且最重要的是自己并不吃亏——建希尔顿饭店，不但饭店是自己的，连土地也是自己的，每年还可以拿到10万美元的租金收入，于是他同意出资继续完成剩下的工程。

1925年8月4日，以希尔顿名字命名的"希尔顿旅店"建成开业，希尔顿的人生开始步入辉煌时期。

希尔顿就是用借的办法，用5000美元在两年时间内完成了他的宏大计划，不能不说他是善于利用别人的高手。其实这样的办法说穿了也十分简单：找一个有实力的利益追求者，想尽一切办法把他与自己的利益捆绑在一起，使之成为一个不可分割的共同体，让他帮助自己实现自己的目标。

做生意总得要本钱的，但本钱总是有限的，连世界首富也只不过拥有几百亿美元左右。但一个企业，哪怕是一般企业，一年也可做几十亿美元的生意，如果是大企业，一年要做几百亿美元的生意，而企业本身的资本只不过几亿或几十亿美元。他们靠的就是资金的不断滚动周转，把营业额做大。一个企业会不会做生意，很重要的一条就是看它能否以较少的资金做较多的生意。

2．借来东风好赚钱

做生意首先要看清形势，这点是任何人都不会怀疑的。大至世界格局的重组，小至市场需求的改变，都要看得明明白白才能够赚钱。比如国家鼓励发展什么，限制发展什么，对经商赚钱更是有直接的关系。选对了方向，赚钱就会事半功倍、轻而易举。

哈默成功的奥秘就是善于"借东风"。他20岁时接管了父亲的一家小医药公司。当时美国禁酒，但有一种药——姜汁酊具有刺激性，是酒很好的替代品。于是，哈默瞅准了这个机会，将原来只有20人的工厂迅速扩充到1500人，全力生产这种产品，仍供不应求。后来他干脆派人到世界各产姜地，将姜全部收购，垄断了姜的来源，使别人无法与之竞争，从而创造了他的第一笔财富。

在1925年，哈默发现前苏联居然不能自制铅笔，完全依赖进口，而一支铅笔在前苏联的售价是美国的10倍。哈默又看准了这个机会，经过与苏联政府的谈判，以5万美元的保证金获得了10年生产权。哈默的铅笔厂在以后的10年里是全苏联唯一的铅笔厂，而且他的名字"哈默"印在每一支铅笔上，成为前苏联家喻户晓的人物。

如果认准了大势，但自身的力量太单薄，或者不具备必要的条件，就好像"万事俱备，只欠东风"，怎么办呢？这个时候就需要学学诸葛亮"借东风"，借助外在的力量，比如政府的政策、银行的资金、他人的智慧等来帮助自己赚钱。在这方面，犹太人又是高手！

一个犹太书商出了本书，很久都销不出去，他急中生智，送了一本给美国总统看，总统顺口说了句："这本书很好。"于是书商就对外宣传：这是一本让总统都说好的书。结果该书被抢购一空。

第二次，犹太书商又出了本书，再次给总统送了一本，总统心想，上次让你赚了钱,这次我就说不好,看你怎么办?于是就说:"不好!"结果书商就宣传:这是一本让总统说不好的书。结果还是被抢购一空。

第三次,书商又送一本书给总统,总统这次精了,不做任何表态。这也难不倒犹太人,这次书商这样宣传:这是一本让总统都不置可否、无法下结论的书。结果,这本书卖得更好。

犹太人就是这样善借东风,凡是可以借用的资源,名人、市场、资金、技术,都会想法去借,而且往往还能够借得来。犹太人认为,一切都是可以借的,不管是资金、技术还是人才。而且,世界已经有着一切自己所需要的资源,所要做的仅仅是把资源借用过来,为自己所用,替自己赚钱。这就是犹太人的思维方式。

世界船王洛维洛起家时只有一艘老油轮,他将油轮以很低的价格租给一家实力雄厚的石油公司,然后借助这层关系从银行贷款购买新油轮,所以很快有了颇具规模的航运公司。"二战"后罗恩斯坦借自己美国公民的身份,为即将被法军接收的斯瓦罗斯基公司说话,从而获得该公司的独家代销权。类似的事例很多很多。

阿迪达斯公司最初不过是一个家庭作坊,就是因为他们借了体育这个东风,结果变成了国际著名的体育用品公司。

70年前,阿迪达斯兄弟俩在母亲的洗衣房里开始了制鞋业。弟兄俩很重视品质,不断地在款式上创新,他们不厌其烦地量顾客脚的尺寸、形状,然后制鞋,于是每一双鞋都能满足消费者的要求。由于受到顾客的普遍欢迎,家庭制鞋坊没几年就扩展成一家中型制鞋厂。

1936年的奥运会来临前,兄弟俩发明了短跑运动员用的钉子鞋。当他们得知短跑名将欧文斯很有希望夺冠的消息后,就免费将钉子鞋送给欧文斯试穿,后来欧文斯不负众望,果然在比赛中一人独揽4枚金牌。随着欧文斯的一举成名,阿迪达斯鞋厂的产品也成了畅销货,并开始走向世界,鞋厂也就变成了阿迪达斯公司。

用体育以及体育明星这股东风来帮助自己太有效了。此后,兄弟俩经常使用这种手法,而且屡试不爽。后来,他们又发明了可以更换鞋底的足球鞋,并把新产品免费送给德国足球队。

在 1954 年世界杯足球决赛上,因为比赛前下了一场雨,所以比赛是在泥泞中进行的。匈牙利队员在场上踉踉跄跄,而穿着阿迪达斯足球鞋的联邦德国队员却健步如飞,击败了对手,第一次获得了世界杯冠军。从此,阿迪达斯品牌名扬天下。

为了借好东风,兄弟俩对运动员的服务十分真诚。比如,在一次世界杯足球赛上,有一位德国主力队员的脚受了伤,阿迪达斯公司连夜为他赶制了一双特殊球鞋,让他在最短时间内可以重上球场;还有一次,有一位前苏联足球队员穿的鞋子不合脚,公司的人马上描下他的脚样,立即坐飞机回公司,连夜为这位前苏联足球队员赶制了一双合脚的鞋子。

为了扩大市场,阿迪达斯公司将商品 2%~6% 的利润拿出来作为回报,他们千方百计地让更多的优秀运动员穿上他们公司的鞋子。因为阿迪达斯公司的慷慨赞助,在蒙特利尔奥运会上,147 枚金牌中有 124 枚的金牌得主是穿阿迪达斯产品的运动员。在西班牙世界杯大赛中,所有运动场上活动的人员中有 3/4 全身披挂阿迪达斯的产品。运动员在大赛中穿着阿迪达斯的鞋子跑步、踢球,这活广告比花钱做任何电视广告都有效果。

一个人的能力总是有限的,想要获得巨大成功,必须善于借东风。犹太人善于借东风还表现在,他们能够借最大的东风,而最大的东风,无疑就是当地的政府以及政府官员。有时候,他们只要简单地点一下头、签一个字,就能够赚到大把大把的钞票。

犹太人不管在哪里做生意,总是想方设法打听是哪些官员手握实权,并找机会接近和结识他,从而为自己的经营创造良好的外部环境。

犹太人都善于结交政界要人，罗斯柴尔德25岁就成了"宫廷御用商人"，在旧上海做生意的哈同竟然与清朝王室攀上了亲戚，但最厉害的要算美国的石油巨头洛克菲勒，他始终奉行着"善走上层路线者必成强者"的观点，利用政府部门的优势和权威来为自己说话。每次在关键时刻，洛克菲勒那些政界的朋友总为他说话，因此他能打败很多竞争对手，独霸世界石油业。

1890年，俄亥俄州最高检察厅厅长华特森指控洛克菲勒的标准石油公司违反了《垄断禁止法》。一时间，双方各不相让，都请到了全美最好的律师。华特森更是做了充分准备，好像非要将洛克菲勒拉下马，一副生死决战的架势。

这时候，洛克菲勒的少年好友马克，一位美国医学界的权威、总统都要礼让三分的参议员，以鲜明的立场站到了洛克菲勒一边。而且，马克还给华特森写了一封信，信中说："受到你指控的并不是社会舆论所指责的组织资本，而是带给国民很多好处的标准石油公司。洛克菲勒一直领导着公司参与自由竞争。您的指控是否存在严重谬误呢？"

经过马克这么一折腾，一个经济问题变成了政治问题。华特森很快就知趣地撤诉了。

不仅在国内纵横不倒，在国际市场上，洛克菲勒也是左右逢源。那是因为美国历任驻外使节都保持着支持标准石油公司的"传统友谊"，相当于兼任着标准石油公司的大使。

比如，当俄国皇帝希望罗斯查尔银行投资巴统铁路建设时，巴库的美国领事立即给洛克菲勒发去密电："俄国准备把美国石油驱逐出国际市场。"在巴统铁路竣工通车之际，驻土耳其的美国大使马上给洛克菲勒送去介绍巴库原油形势的详细资料。

在对付最大的对手——荷兰人达提尔汀古时，洛克菲勒也运用了他惯用的政治手腕。他通过标准石油在伦敦的批发代理商，与英国的"上层路线"达成默契，鼓动英国财政要人向议会及新闻界施压，将荷兰人挤出了英国的巨大石油市场。

其实，从洛克菲勒财团就走出了不少政要，比如达瑞斯、拉斯克、季辛吉这三任美国国务卿，所以洛克菲勒与政府的关系才能这么铁。有人甚至戏称他的财团就是"美国政治要人的培训学校"，而洛克菲勒本人，当然就是校长。

"以经济影响政治，以政治左右经济"，犹太人洛克菲勒就是用这个信条借来了最大、最长久的"东风"。

"好风凭借力，送我上青天"。善于借助别人的力量为自己所用，做事情就能够事半功倍，更容易达到目的。不论是在商界还是在科技界，犹太人的成功者众多，善借东风就是他们成功的原因之一。

3. 成功者都有一套借力的本领

一个人能竭尽全力去完成一项事业，这是难能可贵的，也是必须做到的。如果一个人没有自己的奋斗目标，又不肯付出自己的努力去实施自己的计划，这个人很难事业有成。但是，仅靠一个人或一个团体的力量是不足的，特别是在当今社会科学技术高度发达的情况下，门类众多，社会分工精细，一个人或一个团体所掌握的科学技术知识是极其有限的，在某些科学技术乃至具体工作环节上，哪怕是最杰出的人物或团体，也不可能独自完成，必须借助别人的力量才能完成。

一个人或一个团体，凡是善于借别人力量的，均可事半功倍，更容易、更快捷地达到成功的目的。在商界或科技界成功的众多犹太人，普遍都具有善于借助别人之智的本领。

犹太人密歇尔·福里布尔经营的大陆谷物总公司，能够从一家小食品店发展成为一家世界上最大的谷物交易跨国企业，主要应归功于其善于借助先进的通讯科技和善于借助大批懂技术、懂经营的高级人才。他不惜成本，不断采用世界最先进的通讯设备，宁肯付出极高的报酬聘请有真才实学的经营管理人才到公司工作。这样，使其公司信息灵通，操作技巧精通，竞争能力总胜人一筹。他虽然付出了很大代价取得这些优势，但他借用这些力量和智慧赚回的钱远比他支出的大得多，可谓"吃小亏占大便宜"。

在人类的一切活动中，任何一项成功的事业，都是借用前人智慧的结晶，在前人的基础之上使自己的能力得到最大限度的发挥。当今企业的竞争说到底就是人才的竞争，或者说是以人为本的竞争，现在所有的现代化大企业都有这样一个共同特征，就是有一种慧眼识人的能力，企业在用人的时候，往往能够抓住别人的优点，把每一个员工的职责都分配得十分恰当，使每个员工的力量和智慧能淋漓尽致地发挥出来。正是这种资源配置的优化，才使得整个公司的效率最大化。美国钢铁大王卡耐基曾预先写下这样的墓志铭："睡在这里的是善于访求比他更聪明者的人。"的确，卡耐基能够从一个默默无闻的铁道工人变成一个世界知名的钢铁大王，是他能够发掘许多优秀人才为他工作，使他的工作效率增值了成千上万倍的结果。

美国前国务卿基辛格，就是一位典型的巧于借用别人力量和智慧的能手。他有一个习惯，对下级呈报上来的工作方案或议案，他先不看，压在手上3天后，把提出方案或议案的人叫来，问他："这是你最成熟的方案（议案）吗？"对方思考一下，一般不敢肯定是最成熟的，只好回答说："也许还有不足之处。"基辛格即会叫他拿回去再思考和修改得完善些。

过了一些时间后，提案者再次送来修改过的方案（议案），此时基辛格审阅后问对方："这是你最好的方案吗？还有没有别的比这方案更好的办法？"这又让递交提案者进入更深层次的思考，把方案拿回去再研究。犹太人基辛格就是这样反复让别人深入思考研究，用尽最佳的智慧达到自己所需要的目的。

我国三国时代的诸葛亮是位善借势、借力的能手，如他一手策划的孙刘联兵，火攻曹军的"万事俱备，只欠东风"一例就是典型，还有"草船借箭"也是巧在"借"字上。事实上，自从人类走上文明之路时起，一直在寻求借势的方法，正因为不断地创造了各种"借"的方法，所以使人类不断走向文明。

阿基米德的杠杆原理便是人类对"借"力最完美的体现。随着时代的进步，人们知道把大小不同的滑轮加以组合，就可以用更小的力量举起更重的物体。今天，只要一个人坐在起重机的座椅上，就可以搬动几十万斤的钢架、货柜。人类依靠头脑的智慧，使人的力量史无前例地得到了发挥。

在科学技术和文化艺术领域也一样，凡是获得成功者都有一套善于"借"的本领，牛顿曾说："我成功靠的是站在巨人的肩上。"犹太民族有那么多的学者能获得诺贝尔奖，有那么多科学家创造出世界级的发明，都是在前人创造的基础上升华出的。如物理学家布洛赫，他能够在原子核磁场方面取得前人未有的成就，与他得到著名物理学家、量子学奠基人海森堡的指导和影响是分不开的。

总而言之，犹太人懂得任何事业都不能一步登天，而只能靠一点一滴地积累，不过"登天"的办法并不是唯一的，而是多种多样的，办法得当，则可快捷毫不费劲。善"借"力量，则是一种快捷并省力的诀窍。

4. 创业阶段更要善于借力

犹太人追捧的一条格言是：一切为我所用，方能事半功倍。

20世纪50年代，乔治·约翰逊创建了约翰逊黑人化妆品公司，当时只有500元资金、3名职工。约翰逊想独占美国黑人化妆品市场，可是在他面前有一个巨大的障碍，那就是佛雷公司，当时黑人基本上都用它的化妆品。约翰逊集中全力研制的"粉质化妆膏"无法打开局面，虽然做过广告，但效果并不明显。

　　于是，约翰逊想了一个办法，他亲自设计了一段广告词："当你用完佛雷公司的化妆品后，再擦上一次约翰逊公司的粉质化妆膏，将会产生预想不到的效果。"公司同事对他的广告词极为不解，埋怨他在给佛雷公司做广告。约翰逊则不以为然地说："我们这样做，就是因为它们的名气大。比如说，现在很少有人知道我叫约翰逊，但我如能想办法和美国总统站在一起的话，我马上就会成为家喻户晓的名人了。同理，佛雷公司的化妆品在黑人社会中享有盛誉，如果我们的产品和这个名牌同时出现，表面上我们是在帮佛雷公司，实际上却提高了我们产品的声望和知名度啊。"

　　正如约翰逊所言，这种方法果然使公司的产品迅速为顾客所接受，市场占有率大幅度上升。积累了足够的资本之后，约翰逊又通过一系列手段，终于把佛雷公司挤出了黑人化妆品市场，实现了自己独占美国黑人化妆品市场的愿望。

　　这个例子证明了一个道理：创业之时力量一般比较弱小，想办法借别人之力，可以让自己迅速壮大起来。

第六章　从最擅长的行业中谋利

三百六十行，只要做得好，行行能挣钱。但是犹太人对某些行业有特殊的偏好，比如银行、珠宝、石油以及与女性有关的行业等，这也正是犹太人的聪明之处：天下的钱赚不完，只拣利润最大、发展空间最大的行业来做。

1. 打着犹太人印记的珠宝业

除了珠宝业，其他行业没有一个有如此明显的犹太特性，因为那些身穿全套18世纪波兰商人的黑色服装、穿梭般来往于曼哈顿第47号大街的切割匠、磨钻匠和抛光匠都是哈西德派的犹太教徒。谁也不知道纽约钻石中心的成交额，但据懂行的人推测，每年约在10亿美元左右。可资比较的是，由哈里·奥根海默控制的南非德比尔斯联合钻石矿产公司已售出2亿美元左右新生产的钻石，约占全球产量的89%。就大部分情况来看，珠宝钻石行业是一个高度保密的行业，不过世界上最大的钻石采掘公司之一——拉扎尔·卡普兰国际公司却是一家公营公司。这一行业的另一端是珠宝零售业，也是一个犹太特性很强的行业。最大的珠宝零售店是蔡勒，这是达拉斯一家有1700多家商店的联号，它在其他大城市中还有许多出售花色珠宝饰品的小商店。这家联号由莫里斯·蔡勒于20世纪20年代在威奇塔创立。后来，由之而来的生意超出了他的能力范围，因此，他改行从找黑金转为经营黄金。

说起珠宝行业的犹太人就不能不提到钻石大王易兹哈克。以色列钻石交易有限公司的总裁易兹哈克·佛里姆是一位犹太人，他是以色列乃至世界的钻石大王。在他管辖下的这家国营公司，自1946年成立以来，业务迅速发展，1993年的交易额达100亿美元，其中精钻石出口超过30亿美元，是世界同行业中首屈一指的大户。坐落在拉玛特·甘的4座高大宏伟的大楼气魄十足，它们就是钻石交易中心的办公大楼。这4座大楼前面有宽阔的停车场，大楼之间的通道两旁，修剪得整整齐齐的绿色草坪如碧锦地毯，把路旁的簇簇鲜花映衬得格外妖艳。整个钻石交易中心周围的环境十分幽静，但里面却热闹非常，每天有数以千计的顾客与该公司的员工进行热烈的生意洽谈，一宗宗的钻石买卖、一份份的成交合同就是在这里洽谈成功并签订的。以色列钻石交易有限公司经过40多年的经营，从无到有，从小到大，从国内经营到跨国经营，成为世界著名的大企业，钻石加工生产占世界总加工量的60%左右。以色列是个资源匮乏的国家，没有钻石矿藏资源，但以色列钻石交易有限公司怎么会发展成一个世界最大的钻石加工企业呢？纵观其发展过程，主要有以下几招：

一是慧眼独具，善赚女性的钱。以色列钻石交易公司的决策者认识到，尽管当今世界绝大多数国家和地区的民族都是男性掌权掌家，但他们中有的把自己所赚的钱交由妻子管理；有的男士虽然自己掌管财权，但为了显示自己对妻子或女友的爱，不惜代价让她们随意花钱，以讨其欢心。所以，盯着女性赚钱是犹太人致富的一条行之有效的经验。这一点，我们在前文中已谈到过。钻石是华丽而名贵之物，博得了全世界女性的喜爱和仰慕。实践证实了该公司的眼光，其取得了巨大的经营成果，钻石加工成为以色列的重要经济支柱。

二是把握机遇，乘势迅速扩展业务。以色列钻石交易有限公司创业之初，几乎是一无所有，靠几个青年人在一间小房子里摆摊卖手工艺品。后来他们认识到钻石的前景后，即全力投入该项业务的经营。起初，他们是单纯经营已加工成品的钻石，后来他们自己开设加工厂进行加工，继而从国外大量进口粗钻石后，除了自己加工一部分以外，还供应本国其他钻石加工厂。这样，该公司很快发展成为一家加工、销售、进出口业务结合的综合性钻石交易企业。到目前为止，该公司已拥有2500个钻石加工厂客户，每年为大批客户提供各种进口的粗钻石。另外，随着业务的发展，该公司建成了一座宏大的钻石交易中心，其内设有1200个办公室，随时为国内外客商提供洽谈钻石生意的服务；其内安装了现代化的通讯设备和办公设备，随时提供给客商使用。由于这里业务量大，设施先进和齐全，世界各地钻石客商纷纷前来洽谈业务，故这里已成为当今世界最大的钻石交易中心。

三是科技导向，采用最先进的加工技术。钻石是一种精巧的装饰品，如果没有精密的加工技术和设备，便无法把这种特别坚实刚脆的物品加工成为大如绿豆、小如芝麻的精品。以色列钻石交易有限公司研制出了最先进的钻石加工切割设备，同时对工人进行严格的技术培训，其加工生产出来的产品件件都按照规范，进行了严密的编号，品质绝对可靠，使内外购买者产生一种安全感。

四是一业为主、多种经营、周到服务。该公司建成世界一流的钻石交易中心后，来自国内外成千上万的客商和购买者，每天将这里围成一个小天地。为了顾客的方便和本公司扩大营业，其内开设有银行、旅游代办、邮局、餐馆、娱乐、超级市场等服务项目和设施，顾客进入该中心内，不用出门就可得到各种称心如意的服务。

2. 在保险和风险中豪赌

保险业存在巨大的风险，但是其利润也是惊人的，这正符合犹太人追求高回报的脾性。所以，在目前欧美大保险公司当中，不乏犹太人的身影。

我们从英国老牌保险公司——劳埃德保险公司的发展历程中可以窥见犹太人在保险行业打拼之一斑。

1680年，在英国伦敦泰晤士河畔，劳埃德开了一家咖啡馆。由于泰晤士河是英国河海航运的枢纽，劳埃德的咖啡馆就成了当地的信息中心，生意十分兴隆。

一天，咖啡馆里聚集着船主、海员、商人，大家纷纷谈论航海中的见闻。当说到伦巴底人因海盗猖獗而实行海运保险时，劳埃德心中一动。

原来，那时的航海条件还十分落后，人们对地球和海洋知之甚少。由于海船较小，很难抗拒大的风暴，海盗又经常出没，所以海船经常出事。

为什么我们就不能实行航海保险呢？劳埃德的这一突发奇想立刻得到大家的支持，不论是船主还是商贾，都希望自己每一次出海都能有所保障。

当然，仅凭劳埃德的储蓄还不足以建立起保险事业，好在朋友们慷慨解囊，给保险业这一新生儿注入了生命力。劳埃德在筹足资金后，又着手挑选办事人员和文字工作人员。他在创办保险公司的同时，还想创办一份报纸，以手抄本的形式把搜集到的航运、货物信息融为一体。

不久，劳埃德的保险公司成立了。公司设在伦敦市中心，建筑规模虽然不大，但却古色古香，宛如一个豪华的车站。劳埃德公司一直保持着以前的传统：大门口站着披红色斗篷的卫士，楼房里摆着19世纪的长椅子和大桌子，以及高高的书橱，休息室被称做"船长室"，卫兵也被叫做"侍者"。所有这一切突出体现着狄更斯时代的风格，但它的存在已并不仅仅是一种装饰或遗迹，而是一种象征，一种代表劳埃德保险公司的象征，就如同一件商品的品牌和商标一样。

劳埃德在刚创办公司的时候，采取面对面商谈保险业务的方式。面谈的气氛是严肃紧张的，身着红袍的传唤员依次叫着投保者的名字，被叫者听到自己的名字后马上进入小隔间，拿出自己需要保险的项目和保险金，并做出必要的解释。最后，双方意见统一后在保险单上签字，这笔生意就生效了。

劳埃德保险公司这种面对面商谈保险业务的传统，使保险公司和投保者建立起一种相互依赖和相互信任的关系。劳埃德公司的生意果然非常兴隆。

然而保险业又是充满风险的一项业务，劳埃德公司成立后，就不断接受着风险的挑战。

1906年，美国旧金山大地震引发了一场大火，使劳埃德公司损失了1亿美元的保险费；

1912年，英国"泰坦尼克号"巨型客轮在北大西洋触冰沉没，近2000人死亡，劳埃德公司付出了350万美元的赔偿金；

1937年，德国飞艇"兴登号"爆炸，劳埃德公司又付出了近千万美元的赔偿金。

这几笔绝无仅有的大损失使劳埃德公司元气大伤。但是，劳埃德的全体人员毫不气馁，在风浪中闯过了一关又一关。20世纪70年代后期，两笔大的损失就付出64亿美元。但他们经过不懈的努力，业务蒸蒸日上，每年的营业额达2670亿美元，利润达60亿美元。

在劳埃德的保险业务中，没有什么是不能投保的。影视明星玛莲·戴崔姬为自己的容颜和玉腿投保100万英镑，保险商当即拍板；一位美国导演要为自己的精力投保，也被接受。

1984年，参加劳埃德保险的三颗美国通信卫星偏离了轨道，公司将负担3亿美元的赔付费。对此，劳埃德公司的成员并没有惊慌失措，而是积极调查情况，以最大限度减少损失。他们立即请专家分析，认为可通过航天飞机对卫星进行修理，最后挽回了7000万美元的损失，而且更重要的是挽回了公司的声誉。

两伊战争的升级，使行经波斯湾的油轮保险费日增，有谁敢保证伊朗或伊拉克的炮弹长了眼睛呢？当时为一艘价值4000万美元的货轮投保一周可得400万美元的保险金，就充分说明了保险和风险的关系。

300年的沧桑，300年的风险，劳埃德公司从一家咖啡店发迹，最终成为全世界最大的保险公司，足见其魄力和信誉。

3. 投机与放债：犹太商人的拿手好戏

在莎士比亚的戏剧中，犹太放债者的形象令人生厌，尽管戏剧里有夸张的成分，但放债与投机确实是犹太人传统上最擅长的行业。在这一行业，他们的胆大妄为令人瞠目结舌。

犹太人放债致富者甚多，这里介绍一位叫亚伦的放债人。亚伦（Aaronot Lineoln）出生于公元1123年，是一位正统的犹太人。少年时期在法国生活、读书，青年时移居到英国，然后在英国开展他的放债经营业务。

亚伦刚移居到英国时是没有多少本钱的，他靠打工积蓄了一点钱后，开始自己独立做些小生意。由于生意的发展，他需要资金做周转，不得不向钱庄或银行借钱。在实践中他发现，向别人借钱的代价确实太高，往往和商业经营获得的利润相差无几。他想，自己开钱庄放债不是比经营商品更易获得利润，风险也更少吗？从此，他开始谋划自己的放债业务。

做放债业务，首先要有充足的资本，亚伦自有的资本十分微薄，怎么办呢？犹太人是善于靠头脑去解决难题的。亚伦在经营商业中，逐步抽出有限的资金放债给一些急需用钱的经营者和生产者，获得比单一商品经营更好的效益。有不少人急于等钱用，宁愿借贷 1 个月付 20% 的利息。这样，等于 100 元放贷 1 年，可获得 240% 的回报率，这比投资做买卖更为赚钱。亚伦就是盯准这样的机会，把他的有限资本大量投入到这种高利贷的经营中，他的资本如滚雪球一般，愈滚愈大，没几年时间，他成了伦敦有名的放债人，成为远近闻名的财主。

亚伦从放债经营起家，后来甚至以英国王室作为放债的主要对象，英国的贵族、教会也是他的主要客户。英国很多教堂是他放贷兴建的，如西多会教堂、林肯大教堂、彼得伯勒大教堂等是他出资兴建的。同时，他通过放贷在伦敦兴建了大批住宅，从中获取较高的利息回报。

亚伦活了 63 年，到 1186 年去世时，他的财产多得不计其数。英王亨利二世早就盯着亚伦的财产，在亚伦死后不久，便宣布他的财产全部归英王室所有。当时亚伦的财产有一艘船那么多的黄金和珠宝，一批教堂、住宅建筑物，另有放债未收回的 15000 英镑。且不说黄金、珠宝和建筑物的价值，就是那 15000 英镑，在 800 多年前也是一笔巨额财富。当时英王室全年的收入也只不过 10000 英镑左右。可见，亚伦的财产比英王室还多。当时英王室为了收回亚伦这笔巨大的放债款，专门成立了一个亚伦资金特别委员会，组织大批人进行收债工作。1187 年，英王将亚伦的黄金、珠宝装满一艘轮船，以供在对法国查理王的战争中使用，但天有不测风云，这艘满载珠宝、黄金的轮船却在英吉利海峡沉没了，这笔遗产也随之失落。

尽管犹太人亚伦的财富没有世代传下去，但他通过放债经营，迅速成为 12 世纪英国最富有商人的故事，至今仍然流传着。

犹太人做投机生意和放债一样有名，这就不能不提到美国大财阀摩根。

美国南北战争时期，由于北方军队准备不足，前线的枪支弹药十分缺乏。在摩根的眼中，这又是赚钱的好机会。

"到哪才能弄到武器呢?"

摩根在宽大的办公室里,边踱步边沉思着。

"知道吗?摩根,听说在华盛顿陆军部的枪械库内,有一批报废的老式霍尔步枪,怎么样,买下来吗?大约5000支。"克查姆又为摩根提供生财的消息了。

"当然买!"

这是天赐良机。5000支步枪!这对于北方军队来说是多么诱人的数字,当然使摩根垂涎三尺。枪终于被山区义勇军司令弗莱蒙特少将买走了,56050美元的巨款也汇到了摩根的账下。

联邦政府为了稳定开始恶化的经济状况和进一步购买武器,必须发行4亿美元的国债。在当时,数额这么大的国债,一般只有伦敦金融市场才能消化掉,但在南北战争中,英国支持南方,这样,这4亿元国债便很难在伦敦消化了。如果不能发行这4亿元债券,美国经济就会再一次恶化,不利于北方对南方的军事行动。

当政府的代表问到摩根,是否有办法解决时,摩根自信地回答:"会有办法的。"

摩根巧妙地与新闻界合作,宣传美国经济和战争的未来变化,并到各州演讲,让人民起来支持政府,购买国债是爱国行动。结果4亿美元债券奇迹般地被消化了。

当国债销售一空时,摩根也理所当然、名正言顺地从政府手中拿到了一大笔酬金。

事情到这里还没有完,舆论界对于摩根,开始大肆吹捧。摩根现在成为美国的英雄,白宫也开始向他敞开大门,摩根现在可以以全胜者的姿态出现了。

1871年,普法战争以法国的失败而告终。法国因此陷入一片混乱中。给德国50亿法郎的赔款,恢复崩溃的经济,这一切都需要有巨额资金来融通。法国政府要维持下去，就必须发行 2.5 亿法朗的巨债。

摩根经过与法国总统密使谈判，决定承揽推销这批国债的重任。那么如何办好这件事呢？

能不能把华尔街各行其是的所有大银行联合起来，形成一个规模宏大、资财雄厚的国债承购组织"辛迪加"？这样就把需要一个金融机构承担的风险分摊到众多的金融组织头上，这 5000 万美元无论在数额上，还是所冒的风险上都是可以被消化的。

当他把这种想法告诉克查姆时，克查姆大吃一惊，连忙惊呼：

"我的上帝！你不是要对华尔街的游戏规则与传统进行挑战吧？"

克查姆说的一点也不错，摩根的这套想法从根本上开始动摇和背离了华尔街的规则与传统。而且是对当时伦敦金融中心和世界所有的交易所投资银行的传统的背离与动摇。

当时流行的规则与传统是：谁有机会，谁独吞；自己吞不下去的，也不让别人染指。各金融机构之间，信息阻隔，相互猜忌，互相敌视。即使迫于形势联合起来，各方为了自己的最大利益，联合也会像春天的天气，说变就变。各投资商都是见钱眼开的，为一己私利不择手段，不顾信誉，尔虞我诈。闹得整个金融界人人自危，提心吊胆，各国经济乌烟瘴气。当时人们称这种经营叫海盗式经营。

而摩根的想法正是针对这一弊端的。各个金融机构联合起来，成为一个信息相互沟通、相互协调的稳定整体。对内，经营利益均沾；对外，以强大的财力为后盾，建立可靠的信誉。

其实摩根又何尝不知道这些呢？但他仍坚持要克查姆把这个消息透漏出去。

摩根凭借着过人的胆略和远见卓识看到：一场暴风雨是不可避免的，但事情也不会像克查姆想象得那么糟，机会会到来的。

如摩根所预料的那样，消息一传出，立刻如在平静的水面投下一颗重磅炸弹，引起一阵轩然大波。

"他太胆大包天了！"

"金融界的疯子！"

摩根一下子被卷入舆论争论的漩涡中心，成为众目所视的焦点人物。

摩根并没有被这种阵势吓倒，反而越来越镇定，因为他已想到这正是他所预期的，机会女神正向他走来。

在摩根周围，反对派与拥护者开始聚集，他们之间争得面红耳赤。而摩根却缄口不言，静待机会的成熟。

《伦敦经济报》对此猛烈地抨击道："法国政府的国家公债由匹保提的接班人、发迹于美国的投资家承购。为了消化这些国债想出了所谓联合募购的方法，承购者声称此种方式能将以往集中于某家大投资者个人的风险，通过参与联合募购的多数投资金融家而分散给一般大众。乍看之下，危险性似乎因分散而减低。但若一旦发生经济恐慌，其引起的不良反应将犹如排山倒海般快速扩张，反而增加了投资的危险性。"

而摩根的拥护者则大声呼吁："旧的金融规则，只能助长经济投机，这将非常有害于国民经济的发展，我们需要信誉。投资业是靠光明正大获取利润，而不是靠坑蒙拐骗。"

随着争论的逐步加深，华尔街的投资业也开始受到这一争论的影响，每个人都感到华尔街前途未卜，都不敢轻举妄动。

舆论真是一个奇妙的东西，每个人都会在它的脚下动摇。

软弱者在舆论面前，会对自己产生疑问。而只有强者才是舆论的主人，舆论是强者的声音。

在人人都感到华尔街前途未卜，在人人都感到华尔街不再需要喧闹时，华尔街的人们开始退却。

"现在华尔街需要的是安静，无论什么规则。"

这时，人们把平息这场争论的希望寄托于摩根，也就是在此时，人们不知不觉地把华尔街的指挥棒交给了摩根。摩根再次为机会女神所青睐了。

摩根的战略思想，敏锐的洞察力、决断力都是超乎寻常的。他能在山雨欲来风满楼的情形下，表现得泰然自若，最终取得胜利。这一切都表明，他的胜利是一个强者的胜利，而不仅仅是利用舆论所取得的胜利。

摩根作为开创华尔街新纪元的金融巨子，一生都在追求金钱中度过，他赚的钱不下百亿，但他死后其遗产只有1700万美元。

摩根从投机起家，并因此成功地针对华尔街的这一弊端加以改造，创造了符合时代精神的经营管理体制。他为聚敛财富不择手段，而他却又敬重并提拔待人忠诚的人。

摩根在他将度过76岁生日时逝去，他成功的经营战略至今仍影响着华尔街。

4. 在银行业中如鱼得水

现代银行业是在19世纪随着罗斯柴尔德银行的崛起而开始的。他们并非欧洲仅有的重要的犹太银行家，有数量惊人的大批银行是由犹太人创立的。早先的宫廷犹太人的首要任务是为地方统治者筹措钱财以供其开支、个人外交和挥霍。新兴的银行家则发行国家债券以此为新兴的工业和铁路提供资金。罗斯柴尔德五兄弟在法兰克福、伦敦、巴黎、维也纳和那不勒斯都设有银行，而布莱铖罗德在柏林，瓦伯格在汉堡，奥本海姆在科隆，斯派尔在法兰克福都经营着自己的银行。

从伦敦到孟买、到圣彼得堡以及这些地方之间的许多地方，都有犹太人开设的银行。除了这些私人银行（相当于今天的商业银行或投资银行)之外，犹太人还帮助建立了一些重要的合股银行或商业银行：德国银行和德累斯顿银行（德国3个最大银行中的两个）、信贷银行、巴黎和荷兰金融公司、意大利商业银行、意大利信托银行、信贷银行集团、布鲁塞尔银行以及其他银行。

在美国，犹太银行家也不少，如在金融业享有很高声望的海姆·萨洛蒙、同亚历山大·哈密尔顿一起在1784年创立纽约银行的伊沙克·摩西等。直到19世纪40年代，美国人才感觉到犹太银行在美国的存在。一些原已确立的德国银行向美国派出自己的代理人，但就大多数情况而言，德国犹太人银行家是来到美国后脱颖而出的。从1840年到1880年之间，有一批第一流的银行开业：巴赫、奥古斯特·贝蒙特、戈德曼·萨克斯、J·W·塞利格曼、库恩·洛布、拉顿伯格、萨尔曼、拉扎德·弗里尔斯、莱曼兄弟、斯派尔，还有霍特海姆。那些有权有势、生活方式保守但在金融业务上不因循守旧的犹太银行家，树立起一种集权的形象，因为他们经常协调行动，在金融业务上互相合作。

到19世纪末，犹太银行家在每个金融中心都有着显赫的地位。在布鲁塞尔有比朔夫夏姆的银行和埃尔的银行；奥本海姆和斯特恩同法兰克福的舒尔茨巴赫及迈在1871年建立了"布鲁塞尔商业银行"；在瑞士，伊沙克·德累斯和索恩斯合伙建立了"巴塞尔商业银行"和"巴塞尔银行集团"；在荷兰，有韦特海默和贡佩尔茨，利沙和卡恩等人的银行；在匈牙利的布达佩斯，"匈牙利信贷银行"、"匈牙利商业银行"、"匈牙利劝业信贷银行"都是犹太人建立的；在圣彼得堡，冈茨伯格家族建立了"贴现信贷银行"和"圣彼得堡银行"；1871年，M·爱波斯坦建立了"华沙贴现银行"，利奥波德·克罗嫩伯格参加了"华沙贴现同盟"和"商业银行"的组建。不过，犹太金融业天才最大的集中地是第一次世界大战以前的世界金融中心伦敦。除了罗斯柴尔德家族成员以外，它还将哥本哈根的汉布罗家族、德国的斯派尔兄弟、埃米尔·埃尔兰格、欧内斯特·卡塞尔，以及其他地方的一些金融巨头，如孟买的萨松兄弟，以及赫希吸引到了那里。

  在金融世界的塔尖，犹太人的势力是同投资银行联系在一起的。投资银行的业务包罗万象，从提供出价咨询到承保证券都属于它的范围。投资银行的心脏是政府拨款和私人储蓄。银行由于要为创立新公司或扩展老公司筹措资金，因此就要以自己的钱，更多的时候是以别人的钱来承担风险。这是一个风险性的行业。而商业银行的银行家们则是想要避免风险，当他们处在产出曲线上方的时候，即收到的贷款利息大于所付出的存款利息的时候就是最优的了。

附录：影响世界的 10 位犹太巨人

1. 科学社会主义的奠基人：卡尔·马克思

卡尔·马克思，出生于普鲁士莱茵地区特利尔城。当时的普鲁士尚处于封建专制的黑暗统治之下，但是，马克思得天独厚。他诞生在一个最先进的省份和一个充满市民阶级启蒙精神与人本主义思想的家庭。

1841 年 3 月，马克思毕业于柏林大学，并获得了柏林大学的哲学博士学位。现实的普鲁士封建政治打消了他要成为大学哲学教师的想法。他于 1842 年 4 月参加了《莱茵报》的编辑工作，并很快升任该报主编，开始了他那漫长、艰辛而又不屈不挠的作为一个革命者和思想家的生涯。在此期间，马克思开始抛弃他的唯心主义世界观和资产阶级民主主义思想，逐渐转向唯物主义和共产主义。由于马克思的激进民主主义观点、对贫苦农民的同情和对现实政治不妥协的批判态度，《莱茵报》被查封。后来他转向研究政治经济学，以解剖"市民社会"，写出了引起后世争议的著名的《1844 年经济学哲学手稿》，即《巴黎手稿》。这是马克思学说第一次比较系统的阐述。

1844 年 8 月，马克思同其莱茵省同乡弗里德里希·恩格斯（1820～1895）在巴黎第二次见面。巴黎的第二次会面，他们都欣喜地发现彼此的志趣与思想是那样一致，并且几乎同时循着不同途径完成了世界观和思想的转变。他们合著《神圣家族》，批判当时还很有影响的青年黑格尔派的政治观点和自我意识哲学，开始了两颗伟大灵魂的毕生合作，结下了千古传颂的伟大友谊。1845年，法国当局在普鲁士政府的压力下向马克思下达了驱逐令，马克思迁往布鲁塞尔。在那里，马克思写出了包含着新世界观天才萌芽的《关于费尔巴哈的提纲》，表明了自己学说的革命实践性质。同恩格斯再度合作，完成了《德意志意识形态》一书，为他们的共产主义理想打下了唯物史观的坚实基础。他们还成功地改造了"正义者同盟"，并受"共产主义者同盟"第二次代表大会的委托，起草了同盟纲领，发表了《共产党宣言》——标志着以马克思名字命名的学说的诞生。

1848年3月，德国革命爆发，马克思返回科伦，创办了《新莱茵报》，总结1848年的欧洲革命。写了《1848年至1850年的法兰西阶级斗争》和《路易·波拿巴的雾月十八日》，这是用成熟的唯物史观分析历史事件的典范之作，其中开始比较系统地论述了无产阶级革命和无产阶级专政的思想。马克思移居伦敦并且定居在那里，在以后的年代，马克思主要从事《资本论》这部工人阶级"圣经"的写作工作，通过历史和逻辑高度统一的严密的科学论证，以便"在理论方面给资产阶级一个使它永远翻不了身的打击"。同时，马克思继续积极参与领导国际工人运动。为适应国际工人运动新的高涨的形势，1864年他领导建立了"国际工人协会"，即著名的第一国际。1871年发表了《法兰西内战》，1875年发表了《哥达纲领批判》，总结了巴黎公社的革命经验，进一步完善了无产阶级革命和无产阶级专政的学说。此后一直到逝世的年代里，他竭尽全力从事《资本论》后几卷的写作。

对马克思学说较为通行的概括是它包括马克思主义哲学、马克思主义政治经济学和科学社会主义。它们分别源自德国的古典哲学、英国的古典政治经济学和法英两国的空想社会主义学说。这种概括有其道理，使马克思的学说变得简明易懂。但同时也存在缺点，即容易妨碍对马克思学说系统、全面、准确的理解和把握，容易忽视各个部分之间密不可分的联系，导致对他的学说的曲解和简单化。马克思学说是一个有关联的活的整体。严格来说，他的哲学思想、政治经济学思想及社会主义、共产主义学说是无法彼此分开的，正如他的大部分重要著作都没法做出明确的简单的学科、领域的划分一样。因为马克思不是一个书斋式的学者，而是一个理论与实践、理想主义与现实主义密切地统一在一起、结合于一身的思想家和革命实践家。从其理论、学说对现实的无情批判，从其对人类未来宏伟的共产主义理想看，马克思是一个理想主义者；但从贯穿其学说始终的实践观点看，其解释世界的目的是为了改造世界；从其把自己的学说、理想同对现实的经济关系的分析、同现实的社会运动、同自身的革命性实践相结合这一方面看，他又是一个现实主义者。他是一个立足现实的理想主义者，又是一个理想远大的现实主义者。

一方面，马克思对于当时代表人类思想发展前沿的德国古典哲学、英国古典政治经济学及各种空想社会主义、共产主义学说结合经济史、政治史、社会史著作进行了深入的研究，并加以批判地继承；另一方面，他又密切关注德国、英国、法国、美国等国的社会变化及发展，尤其是资产主义经济关系和经济运动过程的方方面面。这两个方面结合在一起，形成了马克思独特的学说体系。

马克思用更大的精力研究了资本主义的经济关系和经济运动。他穷其毕生精力所著的《资本论》就是一部分析资本主义经济关系和过程的巨著。这部二百余万字（尚不包括《剩余价值学说史》）的著作从资本的生产过程、资本的流通过程到资本主义生产的全过程的分析中，揭示资本主义经济运动的规律。实际上是在阐述无产阶级革命运动的条件、进程和必然结果，即资本主义为什么必然灭亡和如何走向灭亡，无产阶级革命的必然性及其过程。因而，它也是马克思科学社会主义的代表作。同时，在这部巨著中，蕴含了丰富的辩证法和唯物主义思想，因而又可以称它是马克思主义哲学的代表作，是一部名副其实的马克思主义"百科全书"。这里最充分地体现了马克思学说各个部分不可分割的有机联系。离开了对于政治经济学和科学社会主义学说的方法指导，哲学对于马克思来说是没有意义的；政治经济学的研究在很大程度上是为科学社会主义学说服务的，是作为科学社会主义学说的依据和说明而存在的；而离开了辩证法和唯物史观及政治经济学的支持，科学社会主义也就没有了科学性，只能成为空洞的、脱离现实和没有现实根据的教条、理想。

马克思本来可以选择他父亲为他铺就的道路。如果那样，他至少可以为家人提供基本的物质生活条件，不至于使他的一对爱子、一个爱女在他最困难的时候先后夭折；不至于常常忍饥挨饿，甚至连衣服和鞋子也要抵押出去，为全家换些糊口的面包和土豆；不至于四处流浪、没有祖国，几乎所有的欧洲国家都不许他入境，半数以上的欧洲国家向他发出过驱逐令……所有这一切，都没有改变马克思在中学时代所立下的宏愿，为人类的幸福承受个人的生活困苦，牺牲个人的一切，取得了前无古人、令后世震撼的成就。他所做的一切，为无产阶级、为劳苦大众、为进步人类走向彻底解放指明了方向，留下了宝贵的精神财富。人们将永远记住这个名字：卡尔·马克思。

2. 通讯事业的开创者：路透

保罗·朱利叶·路透（Paul Julius Freiherr Von Reutorl），原名Ⅰ·B·约瑟法特，1816年7月21日出生于德国卡塞尔的一个开明的犹太教拉比家庭。13岁时，路透的父亲去世，小路透到开银行的表哥那里寄居。路透从小数学就很出色，在银行里很容易地就被富于数字变化的汇兑行情给迷住了。他从事汇兑行情业务之后，经常苦思冥想一个问题：怎样才能最迅速地了解各国的外汇行情呢？

一次偶然的机会，路透结识了大数学家高斯。当时高斯正在埋头研制电报，路透从高斯那里获益匪浅。他敏锐地看出，这种新通讯工具可以极大地提高汇兑行情的收发速度。他开始留意电报机的研制动向。这期间他来到柏林，改信了基督教，并且把自己原来的姓名伊斯拉埃尔·贝亚改成了保罗·朱利叶·路透。

也是在柏林这段时间里，路透结婚了。当时，他29岁，妻子是柏林一位银行家的女儿。利用岳父提供的资金，路透购买了一家书籍出版发行公司的股票，与人合资经营出版业。3年后，路透不堪忍受普鲁士政府对舆论的压制，毅然奔赴巴黎。此时他胸中已经酝酿着做信息买卖的计划，因此不惜进入当时世界最庞大的通讯社当普通职员。无独有偶，和路透同时进通讯社的还有一个流亡者——一个柏林银行家的儿子贝恩哈德·沃尔夫，几十年后，沃尔夫、路透与哈瓦斯同时成为世界新闻业的三巨头。

路透的创业史是从1848年开始的。那一年年底的一天，他离开政治上日益反动的普鲁士，来到了世界文化之都——巴黎，会见了法国报业巨头查理·哈瓦斯。身材矮小的路透给哈瓦斯的第一印象，是他那口若悬河的毛遂自荐：他在柏林曾开过一家出版社，普鲁士政府的舆论封锁使他举步维艰；他仰慕哈瓦斯先生的大名而来，希望能被录用而谋得个赚钱维生的差事。

那时，哈瓦斯正苦于人手不足，恨不能一个人分成几个人用，正当此时，有人竟不招自来，这让哈瓦斯喜出望外。尤其当得知路透还精通英、法、德三种文字，更是如获至宝，当即答应了路透的求职请求。

路透就这样成了哈瓦斯社的一个成员，投入到繁忙的通讯业务之中。他每天从来自欧洲各地的报纸中挑选具有重要价值的文章并译成法文，作为该通讯社的新闻稿件，然后分送到巴黎的报纸和国外的订户。远至圣彼得堡的宫廷都有他们的联系对象。

犹太人先天的竞争意识使路透无法久居人下。既然翻译和提供新闻稿件的工作能产生如此大的社会和经济效益，而对此自己又得心应手，为什么不可以个人单独经营呢？

路透从一个饲养信鸽的旅店老板盖勒那里租用了 40 只信鸽，让它们充当亚琛——布鲁塞尔邮路的"信使"。此招果然奏效。在当时两地之间没有电讯相通的情况下，起到了提供最快的新闻稿件的作用。

1851 年夏天，路透移居英国，开始了他人生之旅最辉煌的时期。

靠着在法、德两国的经营中打下的基础，路透开始在这里营造他庞大的"通讯帝国"。首先，他还是运用他的提供"快讯"和"快讯中的快讯"的策略。

1853 年，路透得知"磁力电报公司"和另一家电报公司在连接苏格兰和英格兰的海底铺设了一条电缆。两家公司用快艇在爱尔兰南部的昆士兰海迎接从北美开来的载有新闻稿件的船舶。这比南安普顿至美国的距离缩短了 400 余公里。他们没想到，一个工于心计的竞争对手已悄然出现在他们的身旁。路透秘密地在对手已占据的昆士兰西 90 公里处的克鲁克黑文修建了一个电报基地。在那里，路透社在海上值班的小舢板用信号示意基地的联络艇从北美来的船上取下稿件。其他报社要在拿到稿件后再航行 100 多公里返回科克市方能发报，而路透社的联络艇则只要开至不远处的克鲁克黑文即可。这样，当别人开始发报的时候，路透社编成的通讯稿件早已到订户手中了。

人们惊讶地发现，就是这位起初住在伦敦金融街一家股票交易所的两间出租房屋里的犹太人，通过自己一手经营起来的路透通讯社，掌握了"欧洲大陆有关金融方面的情报"的主要输入和输出渠道，在交易所、银行、股票商、投资公司和贸易公司的广泛领域，伸展自己的巨大翅膀。紧接着，路透又把目光瞄准《泰晤士报》，一心要把通讯运营的疆域扩展到报业市场。

《泰晤士报》是英国一家历史最悠久的报纸，它在新闻界的权威地位使得向它兜售新闻稿件的路透社曾吃了闭门羹——"《泰晤士报》无意采用贵社提供的消息。"但挫折没有使路透认输，打消在这个有利可图的领域一试身手的念头。他转念一想，何不采用迂回战术，在眼下欧洲各地政局处于混乱的状态下，利用路透社在欧洲各地建立了电报网的有利条件，先迅速提供各种政治方面的新闻。这样，《泰晤士报》的铁门便被撬开了一条缝。随后，路透社又扩大战果，先征服伦敦的其他报社，再迫使《泰晤士报》就范。

路透先攻下了影响力较小的《广告晨报》，接下来的局势发展正如路透估计的那样，除了《泰晤士报》之外，伦敦所有的报纸都开始采用路透社的电讯稿。路透社的工作效率把各家报社派出的记者远远抛在后面。最后《泰晤士报》也不得不与路透社签订合同。攻下这个最顽固的堡垒之后，路透社已经在英国新闻界完全站稳了脚跟。

刚开始报道美国南北内战的消息时，英国的报社与通讯社都是采取下述方法取稿的：当北美大陆的远洋船到达英国南安普敦港口时，各报的蒸汽小艇就迎上去，大船上的人把装有新闻的木盒投到海里，由小船捞出来，再把木盒里的新闻通过电报发往伦敦。

为了抢在各报前头发出新闻，路透秘密地把接船地点往英国北部移动了500公里，然后悄悄征得地方当局批准，修了一条专用电报线，因此竞争对手的船只还没接到远洋船，路透的新闻已经发回了伦敦。等别人发电报时，路透的快讯稿已送到订户手中了。

路透在传递速度上和其他人拉开了距离，这使路透社得到了一条爆炸性的独家新闻。

美国林肯总统遭到暗杀后的第二天上午一点半，路透社驻华盛顿记者麦克林弄到林肯私人秘书的采访稿，但是，当天开往英国的轮船已经启航。麦克林不顾一切地赶到海港，雇了一条拖轮，好不容易才追上那条班轮，把那条独家新闻装在木盒子中扔到班轮的甲板上。几天后，轮船到达英国，路透的通讯网马上播发了这篇新闻。当时，这一新闻事件只有一家报纸发了一则短讯，而路透社却发了一篇有关暗杀现场的详尽报道。第二天，伦敦各报，包括《泰晤士报》都全文转载了路透社的报道。

这次成功，给予路透的并非只是经济上的利益，主要还是精神上的激励和鞭策。他明白了，要在残酷的竞争中立于不败之地，不仅要勇于进取，而且要不断创新，永远保持竞争中的优势。他认为，不仅要先于别人得到和发出稿件，而且还要获得别人无法获得的高质量的稿件。他给自己的通讯社提出了新的、更高的要求：注意获得重大的独家新闻，这也成为路透社在21世纪的今天仍能占据世界顶级通讯社翘楚位置的秘诀。

3. 世界上第一个10亿富翁：洛克菲勒

1855年，15岁的洛克菲勒花了40美元在福尔索姆商业学院克利夫兰分校就读3个月，这是他一生中接受的唯一一次正规商业培训。18岁时，他从父亲手中以一分利贷款1000美元，与克拉克合作成立了克拉克—洛克菲勒公司，主要经营农产品。战争需要大量的农产品，所以，是美国的南北战争把20多岁嗅觉灵敏的洛克菲勒变成了一个富人。像其他富人一样，他每年花300美元雇人替他入伍打仗，而他却紧紧抓住战争给自己带来的重大机遇，积累了雄厚的资本，为今后的发展奠定了坚实的基础。

战争给洛克菲勒创造了发展的新天地，而战后的经济繁荣又给充满活力、机警敏锐的他带来了无数的机遇。仅以4000美元的投资与他人合作成立了石油公司，这位财神爷从此一头撞进了黑金之河，财富从油井里喷涌而出，源源不断。无与伦比的商业才智和贪婪的天性使他在短期内创建了美国最有实力、最令人生畏的垄断性企业——标准石油公司，并因此而发迹，成为世界首富。这个被众多专门揭人隐私的文人称为"章鱼"的托拉斯企业所提炼和销售的石油，几乎占当时美国同类产品总产量的90%，创造了美国历史上一个有关财富的神话。

1859年，一个名叫埃德温·德雷克的失业列车员，在宾夕法尼亚州的泰行斯维尔钻出了石油；洛克菲勒和一个名叫莫里斯·克拉克的伙伴则在俄亥俄州的克利夫兰开了一个经纪人的商行。南北战争时期，商行的业务很兴旺，洛克菲勒又开始做铁路和地产生意，同时也密切注意着蒸蒸日上的石油业迅速发展的情况。

1863年，洛克菲勒、克拉克和他的两个兄弟，还有化学师塞缪尔·安德鲁斯组建了一个"求精石油厂"，这是克利夫兰地区许多炼油厂之一。洛克菲勒大力经营，使求精石油厂成为该地区最大的炼油厂，每天炼油500桶，但是，他的合伙人却犹豫不决，于是两年以后，他就买下了全部产权。为了改善自己的地位，洛克菲勒借了很多债。1865年和1866年，他在克利夫兰买下了50个炼油厂，在匹茨堡又买了80个炼油厂。后来，他的炼油厂更名为美孚石油公司。

19世纪70年代，美孚石油公司发展得很快，它继续进行勘探，并巩固它对石油业的控制。在这期间，洛克菲勒厉行节约，清算账目成为一种癖好，价格算到小数点后面第三位。洛克菲勒坚持每天早上来工作时，要在他的办公桌上放一份关于净值的财务报表。为了节省运输费用，洛克菲勒开始建造输油管，到1876年，美孚石油公司拥有长达400英里的输油管。还有能储藏150万桶石油的集散点。当宾夕法尼亚铁路在19世纪70年代后期对炼油业进行又一次挑战时，洛克菲勒打垮了这个当时美国最大的公司，然后又买下了该公司的炼油设备。

到19世纪80年代，显然洛克菲勒不能再漠视钻井和销售的事了。

宾夕法尼亚的油田在开始枯竭，而美孚石油公司当时所控制的公司资产已逾7000万美元。"美孚"得保证有源源不断的原油供应。洛克菲勒买下了几个地区性的销售公司。他的公司已经以"章鱼"著称，在石油业中到处都有它的势力。它的产品大约已占炼油厂产品的90%，并且垄断着诸如煤油、润滑油、石蜡、石脑油、各种溶剂以及"美孚"的科学家和技师从石油中提炼出来的其他一些产品的价格。

但是，洛克菲勒并不想由他的帝国来控制全部市场。他明白，应该让比较小的、效能较差的一些竞争者去承担其中微不足道的部分，在困难时期迫使他们为生存而斗争，而美孚石油公司则能继续以几乎全部能量投入生产，同时却可以免受独家控制的指责。

洛克菲勒在一帮得力助手的协助下，成为发展现代公司组织的先锋，他们中的大多数人在"美孚"的执行委员会中任职，除了直接从事管理工作以外，还要制定战略计划、收集并分析情报等。凡是5000美元以上的拨款以及需要花费2500美元以上的新建筑，均需要经该委员会批准，甚至年薪增加600美元以上时，也得经该委员会通过。显然，这种情况不能再继续下去，因为洛克菲勒的帝国非常庞大，以致该委员会最终不得不把一些权力授予中级行政管理部门。后来，有些人提出，"美孚"的结构有一部分是仿效罗马天主教会，其实更主要的是，洛克菲勒和其他工业界巨擘在经营方式方面，有很多是从铁路公司，特别是从宾夕法尼亚铁路公司那里学来的。

洛克菲勒节俭成性，贪得无厌，但竟然成了美国历史上最大的慈善家。截至20世纪20年代，洛克菲勒基金会成为世界上最大的慈善机构，他赞助的医疗教育和公共卫生是全球性的。他一生直接捐献了5.4亿美元（折合现在的美金有60亿），他的整个家族对慈善机构的赞助超过了10亿美元。中国受益尤多，接受的资金仅次于美国，1915年，洛克菲勒基金会成立中国医学委员会，由该委员会负责在1921年建立了北京协和医科大学,这所大学为中国培养了一代又一代掌握现代知识的医学人才。他的赞助不仅是给原始医学致命的一击,还给慈善业带来了一场革命。在他之前,富有的捐赠人往往只是资助自己喜爱的团体,或者馈赠几幢房子,上面刻着他们的名字以显示其品行高尚。洛克菲勒的慈善行为则更多地致力于促进知识创造和改善公共环境,这完全超越了个性,更加富有神话色彩,其影响更为广泛,意义也更加深远。

洛克菲勒的身后留下了一个自相矛盾的名声。他集虔诚和贪婪于一身;他是美国清教徒先祖们毁誉参半的传统之化身,鼓励节俭和勤劳,同时又激发贪婪的本性。由于担心有人会破坏墓地,他的棺木被放在一座炸药无法炸开的墓穴中,上面还铺着厚厚的石板。而各家报纸在登载讣告时纷纷把他说成是乐善好施的大慈善家。无论是持什么立场的政治家,包括那些同他有过过节的人,无不对他大加赞扬,一位检察官是这样称赞这位他曾经问讯过的、搪塞敷衍的证人的:"除了我们敬爱的总统,他堪称我国最伟大的公民。是他用财富创造了知识。世界因为有了他而变得更加美好。这位世界首席公民将永垂青史。"

4. 世界公认的报业巨子:普利策

普利策1847年4月10日出生在匈牙利的马科。他出身于马扎尔的犹太家庭,父亲是个富有的粮食商人,而德国母亲则是个笃信罗马天主教的教徒。老普利策在布达佩斯退休。普利策在家中排行老二。父亲因心脏病去世后,母亲再嫁,他和继父布劳相处不好,使得他在家里吃了不少苦头,因此他一心想要外出独立。17岁的普利策就这样离开了布达佩斯来到了美国。

到美国之初的困难时期,普利策没忘记利用业余时间学习英文,博览群书。他一头扎进圣路易斯的商业图书馆,学习英语和法律。他事业的最大转机很独特地发生在图书馆的棋艺室里。在观看两位常客弈棋的时候，他对一步棋的精辟论断使弈棋者大为震惊，并和他聊了起来。这两位对弈者是一家德语大报《西方邮报》的编辑，他们给了他一份工作。4年之后的1872年，被称誉为一个不知疲倦、有前途的记者，年轻的普利策获得濒于倒闭的报社控股权。25岁时，普利策成为一个出版商，此后一系列精明的商务决策，使他在1878年时成为《圣路易斯邮报》的老板，以一个前途辉煌的人物出现在新闻界。

同年早些时候，他和一位名叫凯特·戴维斯的华盛顿社会名流女士在新教圣公会教堂结了婚。曾经是圣路易斯贫民区大街上的流浪汉，并被奚落为"犹太小子乔依"的匈牙利移民小伙子，完全脱胎换骨了。如今他成了美国公民，作为一个演说家、作家和编辑，出乎寻常地精通英语。他衣着考究，留着漂亮的红褐色胡子，带着夹鼻眼镜，很快就融入圣路易斯的上流社会，享受着华丽聚会上翩翩舞姿和园林骑马的乐趣。这种生活方式在他执掌《圣路易斯邮报》后便戛然而止了。詹姆斯·怀曼·巴雷特，《纽约世界报》的最后一任城市版编辑在他撰写的传记《约瑟夫·普利策和他的世界》一书中，这样描述了普利策在执掌《邮报》时的情景，"从清晨伏案直到午夜甚至更晚，对报社的一切均事必躬亲"。为了能让公众接受他的报纸，普利策大量刊发调查性文章和社论，攻击政府腐败行为、富人偷漏税行为和赌徒。这种平民主义的诉求颇为奏效，《邮报》发行量攀升，生意兴旺。如果普利策知道在他死后设立的普利策奖体系中，新闻奖里的奖项更多的是给予那些揭露腐败的文章，而不是其他主题，他会感到欣慰的。

在后来他在纽约《世界报》工作的10年里，《世界报》所有版本的发行量攀升至60多万份，成为全国发行量最大的一家报纸。但出乎意料，普利策本人却在发行大战中成了牺牲品。《太阳报》的出版人查尔斯·安德森·达纳由于《世界报》的获胜而大受挫折，便开始对他进行恶毒的人身攻击，说他是"一个不承认自己种族和信仰的犹太人"。这一持续的攻击就是要让纽约的犹太人疏远《世界报》。普利策的健康在这一灾难中每况愈下。1890年43岁时，他退出了《世界报》的编辑岗位，从此再未回到过编辑部。他几乎完全失明，在极度消沉中又患上了一种痛苦的对噪音极为敏感的病。他出国苦苦寻求良医，却一无所获。在此后的20年里，他基本上把自己关在他称之为隔音的"地窖"里，在他的"自由号"游艇上，在位于缅因州巴港他的度假圣地"静塔"中，以及他的纽约私邸里。

在那些年月里，普利策虽然出访频繁，但他却成功地密切控制着他的报纸编辑与业务的发展方向。

1912年，即普利策在他的游艇上去世一年后，哥伦比亚新闻学院成立了。1917年，在普利策授权委托管理的顾问委员会的监督下，颁发了第一批普利策奖。对委员会成员和评审团的挑选，主要看专业才能，及其他方面的多样性，诸如性别、民族、地域分配，还有记者挑选和报纸规模。

普利策1904年的遗嘱规定了普利策奖的设立是对杰出成就的激励。他具体规定有4项专门新闻奖、4项文学戏剧奖和一项教育奖，还有4项旅行奖学金。在文学奖中，应有一本美国小说、在纽约上演的一部美国独创戏剧、一本有关美国历史的图书、一位美国人的传记和由媒体所著的公共服务历史的书籍。然而，普利策对社会的迅速进步极为敏感，这促使他做好了对奖励体制做大范围变动的准备。自1917年开始颁奖后，顾问委员会更名为普利策奖委员会。将奖项扩大到21个，增设了诗歌、音乐和摄影奖，同时仍一如既往地恪守设奖人遗嘱和意愿的精神。

作为全国最有威望的奖赏和新闻、文学和音乐领域众所追求的荣誉，普利策奖被认为是产生高质量新闻的一个主要动力，它将全球的注意力都聚焦到美国在文学和音乐方面所取得的成就。

5. 精神分析学派的创始人：弗洛伊德

1856年5月6日，奥地利摩拉给亚的一个小城镇——弗赖堡（现捷克的普赖博尔）的一个犹太籍商人家里诞生了一名健壮的黑发男孩，他就是弗洛伊德。

弗洛伊德在《自传》中自豪地写道："我的父母是犹太人，我自己至今仍然是个犹太人。"他说："我经常感受到自己已经继承了我们的先辈为保卫他们的神殿所必备的那种藐视一切的全部激情；因而，我可以为历史上的那个时刻而心甘情愿地献出我的一生。"正是这种强劲的精神动力，激励他在开拓人类精神分析荒野的创举中永远奋发进取、百折不挠。

1865年，9岁的弗洛伊德就以优异的成绩考入了文科中学，他连续7年获得第一名。他在《自传》中写道："我享有特别的待遇，几乎从不用参加班里的考试。"

1873年秋，弗洛伊德以优异的成绩被保送到著名的维也纳大学医学院学习。这时他才17岁。在《自传》中他写道："我体验到一些明显的失望。首先，我发现别人指望我该自认为低人一等，是个外人，因为我是犹太人。""我在年轻时便不得不熟悉这种处于对立面和在'紧密团结的大多数人'的禁令之下的命运。"他觉得除了愤怒之外，只有不断奋斗才能在社会的某个角落寻得一块立身之地。

在大学学习期间，弗洛伊德是第一批被选送到雅斯动物实验站实习的优秀学生。他解剖了400多条鳝鱼，第一次发表了关于鳝性腺结构的论文。

恩斯特·布吕克是维也纳著名的生理学教授，弗洛伊德从大学一年级开始，有6年时间是在布吕克教授直接指导下进行神经生理学研究的，并完成了具有独创性的科研课题，如《神经系统诸要素之构造》等。

1881 年，弗洛伊德以优异的成绩获得医学博士学位。

1882 年 4 月，弗洛伊德与一位门第显赫的犹太世家的姑娘玛莎·伯奈斯结识，并于同年 6 月订婚。当时她 21 岁，比弗洛伊德小 5 岁。

弗洛伊德在婚恋问题上同对待科学的态度一样，既热情浪漫又严肃认真。他们从恋爱到结婚长达 4 年零 3 个月。此间，弗洛伊德给玛莎写了 900 多封情书，表达了对她的忠贞不渝。

从医学院毕业后，弗洛伊德留在布吕克的生理研究所工作，专门从事神经生理学及神经解剖学的研究，取得了显著成果，但收入微薄，难以养家，更无法为结婚准备必要的资金。在布吕克的劝导下，弗洛伊德的人生道路发生了一个新的转折：从基础理论研究转向临床医疗工作。从 1882 年起，弗洛伊德在维也纳综合医院工作了 3 年。

在医疗实践之外，弗洛伊德还利用业余时间从事研究工作。特别是他转到梅纳特的精神病治疗所工作的 5 个月，对"梅纳特精神错乱症"患者的研究，是弗洛伊德研究潜意识与变态心理的开端。他发表了《脑中神经核及神经通路》论文及《神经系统器质性病变》的观察报告等。

1885 年春，由于他在神经组织学和临床治疗方面的显著成绩而被任命为维也纳大学医学院神经病理学讲师。

后来他到法国精神病大师沙可处学习，又去法国南锡，向著名精神病学家李厄保和伯恩海姆求教。

1886 年，弗洛伊德以神经病理学家身份在维也纳开设了一个医治精神神经症的私人诊所。他主要采用了电疗法、催眠法和宣泄法等。后来他发现催眠的疗效不持久，遂改用他所特创的自由联想法（或精神分析疗法）为患者治疗。

这年 9 月，30 岁的弗洛伊德与玛莎结婚。在婚后的头 10 年里，他们有了 3 个儿子和 3 个女儿。

由于性的观点，弗洛伊德长期生活在被人指责和反对的逆境中。但他仍顽强地在他开创的精神分析领域中开拓、遨游，取得了辉煌成就。

1909 年，美国著名心理学家、克拉克大学校长斯坦利·霍尔邀请弗洛伊德参加该校校庆，授予弗洛伊德名誉博士学位。弗洛伊德撰写出《精神分析五讲》的讲稿，讲演稿以《精神分析的起源和发展》为题，翌年在《美国心理学杂志》发表。此次美国之行是他第一次获得国际上的承认。访问使他获得很高的荣誉，他为此深感欣慰。

在第二次国际精神分析大会上，弗洛伊德作了题为《精神分析疗法今后展望》的演讲，并正式建立国际精神分析学会，在他的安排下，荣格任第一任主席。后来阿德勒因理论观点分歧退出国际精神分析学会，另组自由精神分析学会，开创个体心理学。1913 年在慕尼黑召开的第四次国际精神分析学会大会上，荣格极力反对弗洛伊德的观点并于 1914 年也分裂出去，自树分析心理学大旗。

本时期弗洛伊德主要发表了三个系列论著：一是精神分析运动的历史，包括《精神分析引论》等；二是《压抑》、《潜意识》、《有关移情的观察报告》等 12 篇心理学方面的文章；三是《图腾与禁忌》，本书用精神分析研究了原始道德和宗教。

随着战争的结束，弗洛伊德的事业进入了最后成熟和声誉更高的时期。他的医疗工作又兴旺起来，写作也更为勤奋；在学术上对自己的学说进行了补充、修正，使精神分析由治疗方法发展成阐述人类动机和人格的理论。从 1920 年到 1925 年，弗洛伊德的主要著作有：《超越快乐原则》、《自我和本我》、《压抑、症状和焦虑》、《群众心理学和自我分析》等。

这时，精神分析学说在世界各地已有了深远的影响。1920 年以后，仅美国就出版了 200 多部论弗洛伊德精神分析的书。有人感慨道，10 多年以前，有谁曾梦想过，今天的大学教授们会向男女学生讲授弗洛伊德的理论。科学家依靠它，以探求本能的奥秘；教育家希望从中找到训练年轻人的秘诀；小说家受到启发，得以分析人物更复杂的内心世界。弗洛伊德曾两次被提名诺贝尔奖候选人。对此，他说道："我已经两次看见诺贝尔奖从我面前闪过，但我知道，这种官式的承认根本不适合我的生活方式。"

在多次受挫的生涯中，弗洛伊德养成了一天吸 20 支雪茄烟的怪癖。1923 年弗洛伊德被查出患有导致他死亡的疾病——颚癌。他曾先后做了 33 次手术。

弗洛伊德带着病痛仍顽强地工作着，到达了事业上的顶峰期。从 1930～1939 年，他的主要代表作有《文明及其缺憾》、《精神分析引论新编》，后一本书是理解他思想体系的关键性著作。他还发表了《为什么有战争》、《摩西与一神教》。《一个幻觉的未来》是他的宗教观的主要代表作。他去世的第二年，《精神分析纲要》一书出版，这是他最后的一部作品。《纲要》对精神分析理论作了全面而精辟的总结，具有独特的重要价值。书中阐述了本我、自我和超我相继发展而成的精神结构，具有根本性作用的生的本能和死的本能；阐述了精神疾病的早期根源及其精神分析治疗技术；揭示了精神世界与外部世界的关系。

尽管弗洛伊德学说还存在方法论上的局限及理论上的某些错误，但他的学说对西方现代哲学和科学产生了巨大影响，这是毫无疑义的。有人认为，历史上没有几个人能像弗洛伊德那样对人类的思想产生如此重大的影响，没有一个人的生存领域不曾受到弗洛伊德思想的冲击。可以毫不夸大地说，精神分析学已发展成 20 世纪的主要社会思潮之一，构成了现代人文科学和社会科学领域赖以发展的重要思想支柱。

6.20 世纪最伟大的科学家：爱因斯坦

阿尔伯特·爱因斯坦于 1879 年 3 月 14 日出生于德国的马尔姆，双亲都是犹太人。父亲赫尔曼·爱因斯坦是一个小业主，依靠亲戚的资助经营一家电器设备工厂。

幼年的爱因斯坦略显迟钝，四五岁时还不大会说话，在学校里表现也极为平常。4 岁那年，父亲给了他一个指南针，引起了他强烈的好奇心，他觉得似乎有一种神秘的力量支配着那枚指南针，这种惊奇感构成了他探索事物的原委的初始动力。

尽管双亲完全没有宗教信仰，但爱因斯坦在幼年时却深深地笃信宗教。到了 12 岁，他在阅读通俗科学书籍的过程中认识到，《圣经》里的许多故事都不是真实的。于是，他终止了宗教信仰而产生了一种真正狂热的自由思想，其结果是对一切权威的怀疑。

后来在求学过程中他接受了父亲的劝告，认识到想谋求职业必须先取得大学文凭，于是投考瑞士苏黎世联邦工业大学。他优异的数学成绩给人留下了深刻印象，却因其他成绩的拖累而没通过入学考试。大学校长建议他去中学补习一年，再来投考。他在瑞士阿劳市的阿尔高州立中学学习一年，17 岁的时候终于考入苏黎世联邦工业大学师范系，学习物理和数学。在此期间，爱因斯坦生活窘迫，每月靠亲戚资助的 100 瑞士法郎生活，还要省 20 瑞士法郎缴纳加入瑞士国籍的归化费。1901 年爱因斯坦取得瑞士国籍，同年毕业。

毕业后，他想留校担任助教，但遭到拒绝。随后他试图谋求中学或技校教师的职位，也没有成功，于是，他只得担任家庭教师，偶尔也在中学替别人代课。1902 年，他在朋友的帮助下得到一份固定的工作——瑞士伯尔尼市专利局专利审查员。1903年结婚，新娘是他在苏黎世的同学——塞尔维亚姑娘米列娃·玛丽琦。

专利局的工作使爱因斯坦有了可靠的经济保障，而且工作并不繁重，使他能有许多空闲时间从事研究。爱因斯坦对此非常满意，甚至认为这是最适合物理学的工作方式——从事与物理无关的职业，闲暇时从事研究。

爱因斯坦博采众长为我所用。他广泛接触了各种不同的文化：牛顿、安培、休谟、斯宾诺莎、莱布尼兹、康德、马赫等各流派哲学著作，许多文学名著、德国古典音乐……他从这些不同的文化中，孜孜不倦地汲取营养，但从不定于一尊。如马赫对牛顿力学的批判对他很有启发，但马赫不重视理论思维，不承认原子存在，这一直受到爱因斯坦的批判。多元的文化品种、活跃的文化因子，在爱因斯坦的头脑中通过随机碰撞，产生出新的组合，于是创新力喷薄而出。1901年起，他开始在德文科学杂志《物理年鉴》上发表研究成果，1905年他的研究达到高峰。

那一年，《物理年鉴》发表了他的5篇论文。第一篇——《分子大小的新测定法》使他获得了博士学位。第二篇——《关于光的产生和转让和一个启发性观点》成功地把两个相互矛盾的光学理论——波动说和粒子说结合在一起，大胆地提出了光的量子化理论。这一学说澄清了长期存在于光学中的理论混乱，令人信服地解释了诸多费解的实验现象。值得一提的是，他的研究奠定了量子论的基础，由此衍生的波粒二象性观点经过另一位物理学家——法国的德布罗意的发展，成为物理学家最基本的世界观，是现代物理学最重要和最基本的概念之一。这一成就使他赢得了1922年的诺贝尔奖。第三篇论文《在热分子运动论所要求的静液体中悬浮微粒的运动》讨论了涨落现象，阐明了几个非常重要但未能精确测得的物理常数的关系。尤为重要的是，爱因斯坦的工作打消了理论界对分子实在性的疑虑。

以上3篇论文已是辉煌的成就，但是与第四篇相比则显得黯然失色。这篇题为《论动体的电动力学》的论文开创了一场真正的革命。20世纪初的物理学孕含着深刻的危机；在经典物理学的两大支柱——牛顿力学和经典电磁学之间存在着难以调和的矛盾。为了解决这一致命矛盾，许多物理学家做出了艰苦的努力，有些人甚至已提出了非常接近正确思想的方案，但是，只有爱因斯坦才敏锐地认识到，矛盾的核心在于牛顿的绝对时空观念。爱因斯坦认为，时间和空间都是相对的。他向束缚人类几千年的思想和统摄科学界近300年的权威提出了挑战。

爱因斯坦的学说论述了匀速直线运动的坐标系中的物理现象，这一被称为"狭义相对论"的理论成为物理学革命的起点。在随后发表的5篇论文中，他进一步发展了相对论，阐明了质量与能量的关系，修正了经典物理学中的质量守恒和能量守恒定律，包括核弹在内的原子能利用都是以此为基础的。

长期以来，对于宇宙的传统观念，由一个人把它全部打翻了。难以设想，当人们接触爱因斯坦的光辉理论时该是何等惊讶！而这一切竟出自于一个年仅26岁的专利审查员之手。

爱因斯坦在科学界掀起狂飚，他的成就奠定了学者生涯的基础。1908年，他受聘为伯尔尼大学兼职讲师，次年又受聘为苏黎世联邦工业大学副教授，不久，升为教授。1911年他接受了奥匈帝国布拉格德国大学的教授职务。1913年，柏林请他担任威廉皇帝物理研究所所长、普鲁士科学院院士、柏林大学教授。1914年他赴德国就职，又重新获得德国国籍。

不久，第一次世界大战爆发、国家动员了一切力量支持这场罪恶的战争。爱因斯坦坚定地固守和平主义立场。他在各种场合宣扬反战思想，甚至加入了反战组织"新祖国同盟"。也许是他的学术盛名和"古怪"的名声救了他，否则这位科学巨匠早被当做破坏分子处决了。他遭到同事们的孤立，婚姻也濒临破裂。令人惊异的是，他最伟大的科学成果，却正诞生于孤独的处境之中。

爱因斯坦认为狭义相对论也没有穷尽真理，他勇于创新，不断前进，于1915年又完成了广义相对论。在逻辑上，这是狭义相对论思想的延伸和推广，把匀速直线运动下的时空变换推广到变速运动和引力场存在的情况中。这是爱因斯坦最辉煌的成就，科学史上最伟大的发现。它极为深刻而又普遍地描述了物理世界的状态，其核心在于时空在引力作用下的扭曲，变速运动即归结为扭曲时空中的自然运动。爱因斯坦彻底革新了时空、引力、质量、运动以及由此衍生的动量、能量等观念，从极简单的逻辑假定出发构造了描述宇宙的普遍而又统一、和谐的理论。就是这一理论成为现代物理学的基础。

科学的曙光穿透了战争的喧嚣，英国科学家仔细地研究了爱因斯坦的理论。根据广义相对论的预言，光线在恒星附近将受引力场的作用而弯曲。英国皇家天文学会决定在1919年5月29日发生日全蚀时对这位敌国科学家的理论进行决定性的检验。两支远征队实施了这一计划，结果与爱因斯坦的预言完全相符。

相对论的成功使爱因斯坦在一夜之间成为举世瞩目的英雄。那个只有少数人能看懂的深奥理论使他得到全世界的崇拜，相对论以及四维时空和爱因斯坦的名字联结在一起，成为家喻户晓的名词。各国大学纷纷授予他名誉教授称号，他开始应邀赴世界各地访问、讲学。在他50岁生日时，他收到了成千上万件的礼物和难以计数的贺信、贺电，邮电局不得不专门为他设了一个信箱。

正当爱因斯坦的声名如日中天之际,对他的攻击也开始了。第一次世界大战结束不久,德国反犹右翼分子汇起了反对相对论的逆流,爱因斯坦遭到了恶毒攻击,甚至他的生命也受到威胁。随着纳粹势力的疯狂膨胀,排犹运动和灭绝人性的种族纯化思潮也有恃无恐,甚嚣尘上。1932年冬,爱因斯坦赴美国讲学,归途中他得知希特勒已攫取政权。纳粹势力席卷德国,第三帝国挥起屠刀,对犹太人的清洗已全面展开。当爱因斯坦在比利时港口登陆时,他已无家可归了。

纳粹德国把爱因斯坦称为"犹太国际阴谋家"和"共产国际阴谋家",动员了学术界对他进行声讨,并且悬赏两万马克要他的人头。爱因斯坦毫无畏惧,坚决斗争。他断然拒绝为纳粹"讲句好话",公开谴责法西斯毁灭"一切现存文化价值",是一种"精神错乱状态"。他宣布放弃德国国籍,退出普鲁士科学院。在欧洲短暂停留后,他登船前往美国,受聘为普林斯顿高等学术研究所教授。

1955年4月18日凌晨1时25分,爱因斯坦在普林斯顿因病逝世。根据他的遗嘱,没有举行葬礼仪式,也没设坟墓、纪念碑和纪念殿堂。然而,他的文化品格却具有无穷的价值和魅力,他已在人们心中树起了不朽的丰碑。

7. 20世纪最伟大的艺术家之一:毕加索

帕勃洛·路易斯·毕加索,1881年10月25日出生于西班牙的港口城市马拉加。父亲是该市艺术学校美术教师,后兼任市博物馆馆长;母亲是有犹太血统的意大利移民。

后来,父亲当了省立美术学院教授,毕加索被父亲送进工艺学校。

他还是无意读书，整日沉迷于绘画，绘画水平在迅速提高。

1897年秋，毕加索来到首都马德里，考入斐尔南美术学院，第一次过起了离家独居的生活。同时，由于《科学与仁慈》的获奖，毕加索的名字已被一些知名画家所注意。当他18岁由马德里返回巴塞罗那时，在家人的眼里，他已是一个成熟的青年画家了。当时，毕加索参加了巴塞罗那一些青年人组成的文艺沙龙"四只猪咖啡馆"的活动。就在此时，他萌生了离开西班牙的念头。

1900年，毕加索来到了巴黎。他先是被印象派五光十色的作品所吸引，接着，感受到"新艺术派"反叛学院派传统、追求艺术创新的强烈气氛，但同时也与"新艺术派"的颓废意识保持距离。他决意走出一条独立的创作道路。

这时，毕加索已与画商搭上了线，他的作品开始标价出售，带来了经济收入。

毕加索艺术生涯中的这一时期，被称为"蓝色时期"（1901～1904年）。主要作品有：《生活》、《卖艺人一家及猴子》、《熨衣服的女人》、《穷人的进餐》、《杂技演员与青年丑角》等。此间，他往来奔波于巴黎与巴塞罗那之间，艰难地开辟着自己的艺术天地。他在西班牙举行的画展进一步扩大了自己的影响。一些艺术家前来与他探讨艺术方法和艺术的使命问题。他开始与著名立体未来主义诗人阿彼利奈尔结识。与此同时，他的经济生活却陷入困境，穷得连燃料都买不起，寒夜里冻得受不了，只得把一年所作的水彩画烧了取暖。就在这艰苦的岁月里，毕加索结识了他的第一个女友奥利维尔。这位犹太家庭出身的女郎给被饥寒和贫困困扰的毕加索带来了温暖和欢乐。由于奥利维尔的同情、友情与爱而振作起精神的青年画家，以明朗欢快的心情画出了《演员》一画，蓝色与其他暗色已见减少，增加了给人以清新畅快感觉的玫瑰色和粉红色。这一特色在《坐着的裸女》这幅画中显示得更加充分，成了毕加索的创作从色调灰暗的"蓝色时期"转向色调明快清新的新时期"玫瑰色时期"（1904~1906年）的重要标志。在这一时期，毕加索得到了更为广泛的承认。

1906年以后，毕加索作品的售价上升了，画商伏拉德愿出2000法郎购买他的一幅画。生活有了明显的好转以后，他携带奥利维尔回西班牙度了4个月假期。

20世纪最初几年，野兽派的大色块绘画一时曾引起过人们的好奇心。但是，毕加索更多的是受塞尚的影响；与重色彩的野兽派相比，他更注重物的形态、结构和造型，强调画家对外界对象的主观态度。1906年至1907年，毕加索画中的人物逐渐变得粗大、笨重，与几何图形颇为接近。经过思想上和实践上的准备，一种体现新的观念的绘画终于产生了，这就是毕加索1907年创作的名画《亚威农的少女》，它标志着立体主义的诞生。

立体派画家更加彻底地摆脱了对外部世界的依赖和模仿，使绘画从受传统绘画讲究透视法和投影的束缚，即人的肉眼的视觉限制中解放出来。这样，绘画所反映的就不是外部世界的一个感性的侧面，而是概念性的整体、多面体。现在，一幅画看上去，就很像是人绕着物体走一圈所看到的那个样子了，画面上有的不仅限于肉眼看得见的部分，还有肉眼看不见的部分——借助于想象和理解才能认识的部分。

毕加索这幅在"洗衣坊"的画室里创作的立体主义方法的处女作，从1907年春开始构思到最后完成，前后经历了4个多月的时间，共画了17张草图，最后定形的是一张纵横超过两公尺的油画。

毕加索彻底地超越和摆脱了光的照射角度的限制，而开辟了可以称之为立体视线的三度、四度、五度乃至更多度的视野，使想象力插上了翅膀，在广阔无限的空间中自由翱翔。

　　第一次世界大战期间，西方艺术界特别是美术界失去了生命力，毕加索眼见立体主义无法挽救整个画坛，为了使之摆脱困境，遂将创作方法暂时转向现实主义的轨道，与坚持纯粹立体主义的勃拉克分道扬镳，进入立体主义与古典主义结合的新时期——"新古典主义"时期。代表作有《阳台》、《坐在安乐椅上的女人》、《蛋糕》、《丑角》等。这些作品风格朴素、简洁、清晰，表明立体主义的琴弦同样可以弹出现实主义的音调。

　　第一次世界大战结束后和整个20年代，毕加索一方面采用写实的方法使绘画面向生活，创作了《母与子》、《两个裸妇》、《坐着的小丑》等笔触粗犷、结实、凝重，形象丰满厚实，渗透着人道主义精神的古典主义风格的杰作；另一方面，也没有完全放弃立体主义的方法，捧出了《三个乐师》这幅令当时和以后的美术家们大吃一惊的艺术精品。从1925年起，毕加索的绘画越来越多地表现出超现实主义的特征。剧烈动荡的社会生活，使毕加索对弗洛伊德的精神分析和潜意识理论发生了兴趣，开始在人物画中表现性冲动、爱欲、同性恋、恋兽症、梦幻、精神分裂，以及生与死等主题。《跳舞》就是毕加索进入这一创作阶段的代表作之一。这类作品还有《坐在安乐椅上穿内衣的女人》《接吻》《梦》等。

　　第二次世界大战期间，毕加索避难于法国南部一个叫安迪伯的小港。他创作了反映渔民生活的《安迪伯渔夜》，表达对祖国和故乡的思念之情。他还在沦陷中的巴黎，用自行车坐垫和手把组合成造型很美的《公牛头》，以表达自己忧郁然而并不绝望的心情。

　　1944年，经艾吕雅和阿拉贡介绍，毕加索加入法国共产党。战后，他积极参加保卫和平的斗争，1950年，为在伦敦召开的世界和平大会画《飞着的鸽子》。从此，毕加索的名字进入全世界的千家万户，老幼皆知。

8. 以色列的第一位总理：本—古里安

1886年，戴维·本—古里安出生在波兰普朗斯克一个富裕的犹太人家庭。在浓厚犹太复国主义的氛围中，他从小就开始学习《圣经》和希伯来语。14岁时，他组织周围的孩子讲希伯来语。3年后，加入犹太复国主义政党锡安工人党，成为一名犹太复国主义者。

20岁时，本—古里安来到当时奥斯曼土耳其帝国的属地巴勒斯坦——他心目中的"以色列地"，决心用定居的方式来实现犹太复国主义的理想。本—古里安坚信，希伯来人在希伯来的土地上劳动是犹太民族恢复权利的唯一途径。艰苦的环境和艰辛的劳动对身体羸弱的戴维是个巨大的挑战。他后来回忆说："我发烧和挨饿的时间超过工作的时间。工作、疟疾和饥饿对我而言都是全新的，也很有趣。毕竟，这就是我来以色列的原因。"

即便在这种条件下，本—古里安也没有停止他毕生的爱好：读书。有一次，他赶着耕牛边走边阅读，等读完抬起头，才发现牛早就跪到别处吃草去了。

1910年，本—古里安被锡安工人党调到耶路撒冷，担任新创办的党刊《团结》杂志的编辑。杂志出版第二期的时候，他才鼓起勇气在自己的文章上署上新起的希伯来语名字——本—古里安。24岁的本—古里安开始了自己的政治生涯。

这时，本—古里安已经明确，犹太人要建国只有一个方法：不是空谈，而是实干。他坚信只有在巴勒斯坦的犹太人才能决定自己的道路。

他一度希望获得奥斯曼土耳其帝国国籍，在帝国内部争取犹太人的权益。为此他学习了土耳其语，并到帝国的首都学习法律。为了使自己更像一个奥斯曼帝国公民，他还戴上了土耳其式的圆筒帽，蓄起了土耳其式的胡子。但是随着第一次世界大战的爆发，由于奥斯曼土耳其对犹太复国主义的担忧，本—古里安于1915年被驱逐出境。不久，他经埃及亚历山大到达美国纽约。

在纽约，本—古里安结识了年轻护士保拉。他向保拉求婚时提出，如果她同意嫁给他，那就得准备离开美国，去一块"狭小而贫瘠的土地，那里没有电，没有煤气，也没有电车"。1917年12月5日，保拉匆匆离开手术室，来到纽约市政厅，和在那里等她的本—古里安一起步入婚姻登记处。随后新娘立即赶回医院，那里有一个紧急手术正等着她，而新郎则去参加锡安工人党执委会的一个会议。

1917年，英国发表《贝尔福宣言》，对犹太复国主义表示支持，赞成在巴勒斯坦建立一个犹太民族之家。英军随即开始组织犹太军团。1918年，本—古里安加入军团，跟随英军回到巴勒斯坦。但军团还未参战，奥斯曼军队就已经溃败。本—古里安从犹太军团退役后，从事巴勒斯坦犹太工人联合会的工作。1921年夏，他当选为犹太工人总工会的书记，并在这个岗位上工作了14年。

在紧张的政治活动之余，他既不与朋友结交，也不理会自己的家庭，而是抓紧一切时间读书。长年的奔波劳碌使他的身体状况极差，不到40岁就开始谢顶，40出头已经头发花白，过度的兴奋和烦躁都会使他发高烧。

在世界犹太复国主义运动中，本—古里安所倡导的劳工运动并不是主流，但他凭着自己的执著和坚定，开始用自己的主张改变世界犹太复国主义运动。1933年，在布拉格举行的犹太复国主义第十八次代表大会上，本—古里安当选为执委会委员。这次大会被视为犹太复国主义运动史的转折点。

1935年，本—古里安当选为犹太复国主义执委会主席和犹太代办处执委会主席，与日后担任以色列第一任总统的哈伊姆·魏茨曼一道成为世界犹太复国主义运动的两巨头。

犹太复国主义者曾经一度认为犹太人回巴勒斯坦是"一个没有土地的民族回到一片没有民族的土地"。这种乌托邦式的空想已经被本—古里安所摒弃。从基层一步步走上来的本—古里安态度务实，他一针见血地指出：巴勒斯坦"存在着真正的冲突，我们和阿拉伯人之间的政治冲突。我们都想成为多数"。因此，他把工作重点放在向巴勒斯坦进行犹太移民上，他要在巴勒斯坦使犹太人成为多数。

1937年，英国为了解决巴勒斯坦问题，第一次提出了分治的想法，即在巴勒斯坦建立一个阿拉伯国家和一个犹太国家。本—古里安凭借自己的政治嗅觉，捕捉到"国家"这个词所包含的重大意义，意识到这是千载难逢的机遇，他立刻对分治的想法表示支持。本—古里安指出："犹太复国主义不是走在一根结实的绳子上，而是在一根头发丝上。"

但两年后英国政府发表白皮书，压缩犹太人移居巴勒斯坦的限额，禁止犹太人购买巴勒斯坦土地。面对英国立场的转变，本—古里安决定发展犹太人的地下武装。第二次世界大战爆发后，面对纳粹德国对犹太人的迫害和英国对犹太复国主义的压制，本—古里安权衡利弊，提出了贯穿第二次世界大战的著名政策："我们将帮助战争中的英国，就像没有白皮书一样；我们将反对白皮书，就像没有战争一样。"

1940年的夏天，本—古里安在伦敦度过。英国人在纳粹德国的狂轰滥炸之下所表现出来的毅力和勇气给他以强烈的震撼，使他更觉得要建国就必须靠强大的武装和英勇流血的精神。

1941年11月12日，本—古里安来到了纽约，得到美国犹太社团的广泛支持。1942年5月，在纽约比尔特莫尔饭店召开的犹太人会议接受了他的主张，通过了八点纲领，宣告"巴勒斯坦将作为一个犹太国而并入民主的新世界"。

第二次世界大战结束了，但英国并不打算在巴勒斯坦实行分治。这时的本—古里安已经预见到英国的撤离和犹太国的建立，并且预见到新生的犹太国家必定会与阿拉伯邻国发生冲突，于是他一方面组织巴勒斯坦犹太人的秘密反英军事行动，一方面竭力筹措资金购买军火。

1947年11月29日，联合国通过巴勒斯坦分治决议，英国的委任统治将于1948年5月14日结束。这一天，在纽约、巴勒斯坦以及所有犹太人居住的地方都举行了庆祝会，特拉维夫和耶路撒冷之间的交通中断，人们载歌载舞直到清晨。但本—古里安在这一晚却异常冷静。他回忆说："那一晚，人们在街上跳舞，但我不能跳。我知道，我们面临着战争。在战争中，我们将失去最优秀的青年。"

喜悦中的犹太人认为最大的威胁是巴勒斯坦阿拉伯人的暴动，但本—古里安却意识到，有可能到来的是阿拉伯邻国正规部队的进攻。他一边派果尔达·梅厄去美国筹款，一边打着埃塞俄比亚的旗号通过秘密渠道从捷克斯洛伐克购买军火。

1948年5月14日下午4点，在特拉维夫现代艺术博物馆，本—古里安宣读独立宣言。他宣告：以色列国成立了！在场的人纵情欢呼，全国各地的犹太人通过广播收听了独立仪式，无数人失声痛哭。本—古里安担任临时政府总理，并在随后的议会选举中成为正式总理兼国防部长。

建国的兴奋无法掩盖以色列严重的生存危机。建国次日，埃及、外约旦（今约旦）、伊拉克、叙利亚和黎巴嫩的军队相继进入巴勒斯坦。

在东、南两翼节节败退的以色列处于崩溃的边缘。是联合国主持下的第一次停火挽救了新生的以色列。本—古里安利用停火的4周时间全力购置军火、招募新兵。当7月8日战争重开时,以色列已经掌握了主动权,在10天的战斗中夺取了1000平方公里的土地。本—古里安的军事战略是占领尽可能多的土地,造成既成事实。

1949年,本—古里安策划了"魔毯行动",动用上百架次的飞机,把近5万名犹太人从也门接回以色列。1950年的"以斯拉—尼希米行动"则将12万犹太人从伊拉克运回以色列。建国初期的4年时间里,以色列的人口增加了一倍。

本—古里安曾于1953~1955年年去职,但他实际上仍然掌控着以色列的大政方针,并于1955年再次当选总理。本—古里安一直奉行与西方结盟的政策。在1955年埃及向东方阵营靠拢之后,他更是不遗余力地追随西方。1956年,埃及实行苏伊士运河国有化,侵害了英法两国的利益。经过秘密磋商,本—古里安与英法结成同盟。10月29日,以色列进攻西奈,为英法出兵埃及制造借口。虽然以色列取得了胜利,但由于美国和苏联的介入,本—古里安不得不将西奈归还埃及。表面上以色列遭到了失败,但这场战争为以色列赢得了长达10年宝贵的和平。

1963年,本—古里安因为一次失败的间谍行动引发的风波而辞职。1970年他最终退出了政坛。

9. 被载入史册的原子弹之父:奥本海默

1904年4月22日,奥本海默出生于美国纽约市。他的父亲朱利叶斯·奥本海默年轻时从德国移居美国,是一位成功的商人。母亲埃拉·弗里德曼是一位画家。奥本海默家境富裕,从小就受到了良好的教育。

奥本海默是一位少有的天才、公认的神童，他在5岁时便能够收集地质标本。他曾在纽约德育学校学习，1922年进入哈佛大学，在3年里读完了大学4年的课程，1925年以优异的成绩毕业。

奥本海默兴趣广泛，但只有物理学才是他真正的志向所在。当时美国的物理学尚不发达，因此他毕业后前往欧洲学习物理学。

在物理学革命的大潮中，奥本海默如鱼得水，他凭借敏捷的头脑迅速领悟到新理论的核心，并站到了理论研究的前沿。1925年奥本海默来到英国剑桥大学，1926年5月发表了第一篇论文。当时距德国物理学家海森堡关于新量子力学的第一篇论文发表还不到一年，奥本海默已充分掌握了海森堡的新方法，用以解决分子带状光谱的频率和强度问题。同年7月，他发表了第二篇论文，讨论了氢原子，提出了连续光谱问题，并且讨论了如何用公式表示连续光谱波函数归一化的问题。

奥本海默在科学界崭露头角，受到了麦克斯·波恩的赏识。1926年，他应波恩之邀来到哥廷根。当时波恩已经是举世闻名的大物理学家，哥廷根理论物理研究所的学术带头人，而当时的哥廷根是能与哥本哈根相匹敌的最重要的理论物理学术中心之一。奥本海默开始在波恩的指导下从事研究，二人合作研究出处理分子的电子自由度、振动自由度和转动自由度的方法，现在此方法已成为量子理论的重要内容，被称为"波恩—奥本海默法"。1927年春，奥本海默获得博士学位，此后又在莱顿和苏黎世从事研究。

1929年，奥本海默接受了在伯克利的加利福尼亚大学和加州理工学院的学术职位，回到美国。他继续从事大量的尖端性研究，几乎涉及到当时物理学中全部的重点科研课题，取得了很多成果。在加利福尼亚期间，他成为美国的一名重要的物理学权威和学术带头人。奥本海默其貌不扬，据查姆·伯曼特描述，"他头部狭窄，个子瘦瘦，耳朵尖尖，长得獐头鼠目"，但他崇高的声望、渊博的学识、精湛的造诣吸引了很多弟子；他敏捷的思维、谦虚坦率的作风、锋芒毕露的个性和对人无微不至的关怀使弟子们紧密地团结在他的周围。后来，他的许多弟子都成了一流的学者。

起初，他的全部精力都花在科研和教学上，没时间看报纸，闲暇时以学习梵文自娱自乐。但到了 20 世纪 30 年代中期，他开始关心政治，有一段时间卷入了左翼集团的思潮。这为他的政治生涯奠定了基础，同时也为 1953 年的不幸事件埋下了祸端。

早在 1914 年，英国作家威尔斯就预言了原子中巨大的能量将被制成可怕的武器。1938 年核裂变现象被发现后，敏感的科学家们认识到，威尔斯的预言要实现了。20 世纪 30 年代，美国的物理学已相当发达，1933 年至 1941 年期间，又有 100 多名难民物理学家为逃避纳粹的迫害来到美国，极大地充实了美国的科研力量。于是，在欧洲学术衰落之际，美国一跃成为世界学术中心，完全具备了制造原子弹的科研实力。1939 年 10 月，美国总统罗斯福接受爱因斯坦的建议，着手发展原子弹的研制工作。1941 年 12 月，美国的安全受到了严重威胁。尤其令人不安的是拥有强大的科研能力和战争资源的德国完全可能造出第一枚原子弹。美国政府终于痛下决心，拨出大量资金和人力进行原子武器的研制。

自 1939 年起，奥本海默一直在考虑原子能的释放问题。1941 年，他终止了一切个人的研究工作，全力投入"曼哈顿工程"。1942 年初，他受命负责快中子和原子弹问题的工作。

这项研究涉及到许多未知的问题，而这些问题又分给许多小规模的实验室。在这种情况下，他的工作效率受到了极大的限制。奥本海默认识到这一问题，建议把研制武器的工作集中在一个实验室内。主管"曼哈顿工程"的莱斯利·格罗夫斯接受了他的建议。事实证明，这一英明决定为研制工作争取了宝贵的时间。

格罗夫斯接受奥本海默的意见，选择新墨西哥州的洛斯阿拉莫斯为实验室所在地，并且任命奥本海默为实验室主任。在此之前，奥本海默几乎没有管理方面的经验，让他主管一个如此规模的实验室颇为勉强，然而，让一个原子物理方面的外行担此重任将是更加危险的。就此而言，在地道的美国科学家中奥本海默几乎是唯一人选。

"曼哈顿工程"的规模和难度是空前的。前后共耗资20亿美元，有15万人参加工作，仅在洛斯阿拉莫斯就有4000名研究人员，设有理论物理、化学及冶金、军事研究、实验核物理、炸药、炸药物理、规划等7个研究所。面对如此浩大的工程，管理、协调和统筹方面的工作是极为重要和困难的。在1943年到1945年之间，奥本海默出色地完成了洛斯阿拉莫斯实验所的组建和管理工作，充分展示了自己在科研和科研管理方面的杰出才能。他的中心工作是集中全部专家的智慧，协调各部门的关系，集思广益，协同攻关。在技术方面他的突出贡献是解决核弹"临界质量"问题。1945年7月16日，第一枚原子弹试爆成功。鉴于奥本海默的卓越贡献，"原子弹之父"的殊荣他当之无愧。

原子弹问世时，"二战"大局已定，然而美国从其利益出发，仍然决定在日本投放原子弹。在轰炸日本前，美国政府向奥本海默等4名科学家组成的咨询委员会征求意见。当然，美国政府决心已定，向科学家咨询主要是做舆论准备，但奥本海默等人的结论也并非全无作用。考虑到使用原子弹可以减少美国的损失，提前结束战争，奥本海默、费米、劳伦斯、康普顿4人委员会做出了支持轰炸日本的决定。这是奥本海默第一次参与政治决策，也是令他最遗憾的错误。起初他估计袭击广岛将杀死2万人，实际上有13万余人丧生。另一枚威力更大的原子弹在长崎杀死了六七万人。耀眼欲盲的闪光，狰狞的蘑菇云，成为几十年压在人类心头的恶梦。后来，奥本海默用一句话评论这个错误的决定："当时我太欠考虑了。"

第二次世界大战结束后，奥本海默作为原子弹的主要设计者赢得了极高的威望。1946年美国政府设立原子能顾问委员会，任命奥本海默为主席。这个委员会的职责是为原子能发展计划提供科学、技术指导，具体来说就是为美国提供"又多又好的核武器"，然而奥本海默本人最关心的是原子能的国际控制问题。在原子能顾问委员会成立之前，他就提出了原子能的和平利用及国际控制问题，但这一思想受到了政府要员的压制。后来，关于原子能国际控制的思想日趋成熟，得到了政府内外的广泛支持。1946年3月，由奥本海默策划并参与起草的《艾奇逊—利连撒尔报告》问世，这一文件充分体现了奥本海默的主张，其核心是：主张和平利用原子能，在任何情况下原子武器不被用于战争；关于原子能的研究应置于联合国的绝对控制之下。当然，原子能控制问题远非奥本海默力所能及，甚至在原子能和平利用思想深入人心的今天，核武器的控制仍使各界人士无能为力。

1962年奥本海默患了喉癌，于1967年2月18日病逝。